傳承日治時期到 E 世代手路菜的醍醐味，
凝聚家人情感與美好回憶！

跟著阿嬤
學古早味
料理

潘奶奶
潘懷宗
游馨榕
著

作者序

　　中華民國 100 年的時候，郝龍斌任台北市長，在母親節當天，頒發「模範母親獎」給潘奶奶，堪稱美好的禮物。今年（2024）的母親節，我們的母親虛歲 91，爲了給她一份更加難忘的母親節禮物，苦思良久，終於決定紀錄與傳承她一輩子最擅長的古早味庶民家庭料理。同時，發揚她一直堅持用美味維繫家人的執著和信念，全家族動員出版一本用料理見證家庭成長的軌跡，並佐以台灣經濟起飛的背景歷史。期間受到許多人的幫助，像是婦聯會台北市芝山岩關懷站的主任，所有關懷站內的兄弟姐妹們，出色出版社的編輯工作同仁，甚至包括士林北投區的里長們，在此先致上十二萬分的謝意。

　　我們的母親不識字，加上近年來聽力退化，雖然有助聽器幫忙，但溝通起來依然費力，許多她年輕時候的往事，我們根本完全空白，感謝她的幾個妹妹們，幫忙回憶出珍貴的童年往事，更感謝出版社的編輯，耐心地專訪這些老太太們，最後再將所有資訊文字化，撰寫成許多小故事，使得我們都相當驚豔，還是第一次聽到這些故事，相信會相當吸引大家。同時，也感謝所有孫子輩的年輕人，願意百忙之中撥出時間，寫下對奶奶的所有感覺和

想法，誰說台灣教育出來的年輕人不孝親，不顧家，他們真的很讚，值得表揚。

　　料理部分，媳婦、二女兒都相當辛苦，連在美國的大女兒都跨海送上遙遠的祝福，其中特別是兒媳婦，記錄所有料理的細節，然後文字化，更親力親為地實做了一遍，確確實實完成了傳承美味下去的理想。出書期間，因為食譜和成品都需要較高解析度的照片，之前自己拍照的，因為清晰度不夠而無法使用，所以特地請攝影師到家裡重新拍攝成品。超過 20 道菜，光是採買與處理，外加烹煮，且必須要在三個週末內全部拍完，差點就要了小命，最後終於殺青完成，連我們都不敢相信，克服這麼多的困難，完成這項難得的母親節禮物。

　　一位不識字的台灣阿嬤，能夠出書，又能趕在母親節前夕，完成使命，我們相當快樂，也祝福天下所有的阿嬤們，母親節快樂。

兒子 兒媳 大女兒 二女兒 同賀

台灣重要記事

- **日治時期** // 1895-1945

  受到日本現代化政策的影響，建立了現代化基礎設施。

- **戰後重建** // 1945-1950

  台灣在戰後由中華民國政府接管，展開了戰後重建工作。

- **建設台灣** // 1950-1970

  台灣政府推動了一系列的基礎建設計劃，提升了民生品質和經濟發展。

- **石油危機** // 1970 年代

  1970 年代初期的石油危機，台灣也受到波及，面臨能源供應和經濟調整的挑戰。

- **中美斷交** // 1979

  中華民國與美國於 1979 年正式斷交，但台灣繼續尋求國際合作和發展。

- **經濟起飛** // 1980 年代

  台灣在 1980 年代進入了經濟起飛的時期，民生經濟也隨之繁榮發展。

- **金融自由化** // 1980 年代後期

  中美關係改善，台灣於 1980 年代後期開始實行金融自由化政策。

- **全球化影響** // 1990 年代中後期

  全球化進程加速，台灣經濟與全球市場更加緊密相連。

- **社會保障制度建立** // 1990 年代至今

  台灣積極建立社會保障制度，提升了民眾的福祉和生活品質。

- **數位革命** // 2000 年代至今

  台灣積極參與全球數位化潮流，推動了經濟結構的轉型和社會生活方式的改變。

潘奶奶家族成員介紹

❶ 潘老師、潘奶奶、潘師母、小內孫、孫媳婦

❷ （前排）由左至右：潘妹妹（二女兒）、潘奶奶，潘姊姊（大女兒）

（後排）由左至右：潘老師（大兒子）、潘師母

❸ 潘奶奶、潘爺爺

❹ 由左至右：潘妹妹（二女兒）、小外孫女、潘奶奶

❺ 由左至右：潘妹妹（二女兒）、大外孫、潘奶奶

❻ 小外孫、潘奶奶

❼ 由左至右：潘奶奶、三妹、四妹

第壹篇 童年時光

西元 1895 ～ 1950
日治時期～光復初期

潘奶奶
拿手食譜

╱ **秤重換算法** ╲

1 公斤＝ 1000g（克）　　　1 量米杯＝ 180 ～ 200 毫升

1 台斤＝ 16 兩 =600g（克）　1 大匙＝ 15 毫升

1 兩＝ 37.5（克）　　　　　1 小匙＝ 5 毫升

第肆篇 四代同堂，
安享晚年

西元 1990 ～至今
經濟起飛～ E 世代

潘奶奶
拿手食譜

童年時光

那段被恐懼和艱困洗滌的童年歲月，
卻是潘奶奶與兄弟姐妹們最難忘、最深刻的時光。

潘奶奶（91 歲）和四妹（85 歲）有著一樣難忘的童年記憶。

第 1 章

家的
溫馨微光

如同黑暗中的一絲溫暖微光，照亮心靈的方向。從小生活在貧窮困苦環境的潘奶奶，以她堅定不移的力量，激勵著我們在困境中找到前進的動力。

貧困而堅毅的奮鬥者 //

　　台灣阿嬤潘奶奶（莊秀琴女士）於民國 23 年（1934 年）生於台北市汕頭街的貧民區，兄弟姊妹眾多，共有 8 位，2 個哥哥，4 個妹妹，1 個弟弟。每個小孩都相差 2～3 歲，老大、老二是男生，但不幸分別在 25 歲跟 12 歲時因病去世，潘奶奶原本排行老三，因為兩個哥哥的英年早逝，就變成家裡的老大了。

　　當時正值日本殖民統治時期，日本積極在台灣發展各項建設，例如：西部鐵路、南北港口、都市下水道、農業水利設施逐步完成，台北、台中、台南等城市也都相當進步。隨著日本帝國主義擴張的背景下，台灣成為日本的一個重要軍事據點，日本進行了一系列的軍事建設，包括蓋造航空場和軍事基地。即便如此，但台灣庶民生活困苦，面臨來自不同方向的壓力，包括糖業會社的剝削，土地問題與租稅制度使得農民的生計困難，以及普遍的失業問題。

　　潘奶奶家境極其困難，只能租得起一間被劃分成十多戶的狹小空間。在這擁擠的環境中，他們只有一個客廳和一間房，晚上睡覺的床沒有床墊和被褥，只能使用稻草鋪床，甚至連飲水、衛

生設備等基本生活條件有限，但這樣家徒四壁的環境卻是一家八口共同生活的場域。儘管當時生活條件艱苦，潘奶奶從不抱怨或失去希望，總是和家人齊心協力，堅韌地維持這個家庭。這段日子雖然充滿了挑戰，卻也培養了家庭成員間的深厚情感和相互扶持的精神。在這個狹小空間裡，他們共同經歷了生活的風霜，也創造出彼此之間難以忘懷的珍貴回憶。

潘奶奶和姐妹們至今感情依舊很好。

戰火籠罩下的童年 //

　　潘奶奶 8 歲時（1942 年），才就讀小學一年級，正值第二次世界大戰期間（1939 年至 1945 年），台灣總督府為推動「皇民化運動」，開始強烈要求台灣人說日語，學校裡的教育全是用日文，更推動廢漢姓改日本姓名的運動，主要就是希望驅使台灣人對日本盡忠。雖然那時已經是二戰尾聲，美軍最後取消登陸台灣

日治時代為「台灣總督府專賣局松山菸草工廠」的松菸文創，與潘奶奶走過相同的歷史。

的計畫，但美國戰鬥機依舊時常空襲台灣，台灣也首次實施「陸軍特別志願兵制度」，召募台灣人赴海外作戰，到處充滿了異樣的緊張氛圍，戰火的硝煙彌漫在台灣上空，「走空襲」和「米日狗」（美軍轟炸機 B-29）是當時集體的生活記憶。每當空襲警報響起時，那刺耳的聲音彷彿是來自敵機的警告，只要一有「齁～齁～齁～」的警報聲，就要趕快跑進地下防空壕中躲起來，以免被炸傷或炸死。躲避空襲成了日常，短暫的空襲只有 1～2 小時，或長則達半天左右，濕冷陰暗的防空壕中不僅沒有東西吃，上廁所只能在旁邊隨地解決，老師也會叫大家噤聲，避免被敵人發現，非常痛苦。

當時，美軍的猛烈無差別轟炸攻擊，讓人們對於空襲的恐懼，甚至到連聽到汽車聲還會以為是敵機的聲音，趕緊走避躲藏，到學校上課成了當時生活的奢侈時光，幾乎都在逃避轟炸的陰霾中度過。潘奶奶也因為太害怕空襲，常常沒有到學校上課，而改在家裡幫忙做飯，或工作貼補家用。

傳統觀念下的艱難選擇 //

在戰爭下生存的時代，對於生活沒有過多的奢望，「活下來」就是最重要的一件事。1945 年光復前夕，美國陸陸續續對高雄、馬公、基隆、台南、花蓮、新竹、台北、屏東等地發出劇烈空襲，不僅多數建築成為斷垣殘壁，人民更是死傷慘重。就這樣反反覆覆，學學停停，潘奶奶的求學之路充滿波折，持續到台灣光復（1945 年 10 月 25 日），總共在學時間大概有 3 年的時間，幾乎都在跑空襲，學校也因頻繁空襲而難以正常運作，導致小學二年級的課程無法如期完成。

中華民國政府接收後，學校全面改教中文，那時潘奶奶已經 12 歲了，完全不識中文字，再加上弟弟妹妹眾多，以及當時社會風氣男女有別的觀念，對女孩子的升學持保留態度，在沒有特別要求去復學的情況下，潘奶奶就輟學了，因此到今天（91 歲）還是沒有辦法用文字與其溝通。

其他的妹妹跟弟弟，因為年紀比較小，都有繼續返回小學念書，直到國小畢業。但家中女孩子就只能讀到小學畢業，父母不允許繼續升學，只有弟弟（男孩子）可以繼續升學，可惜弟弟學

（左圖）家中的冰箱是以圖畫提醒潘奶奶物品位置。
（右圖）電視上有著提醒潘奶奶的小圖示。

業成績並不好，對讀書也興趣缺缺，初中沒有畢業，就肄業了。
當時，最小的妹妹小學學業成績特別好，都是班上第一、二名，
但由於父母受制於當時「重男輕女」的傳統觀念，認為「查某囡
仔茉籽命」*，不讓女孩繼續升學，小學老師甚至特地來家裏拜託
父母讓小妹繼續念書，但是仍被父母拒絕了，最後也只好作罷，
令人相當感慨，不勝唏噓。

＊　女孩子的命，就像茉籽一樣，飄到哪裡就落在哪裡，必須隨遇而安。

對潘奶奶（右）來說，一個相伴自己 80 多年的三妹（左），總是有聊不完的話題。

第 2 章

堅持不懈的
奮鬥之路

在生命旅程中，每一份堅持和奮鬥，
都是努力不懈的足跡。或許，這就是
潘奶奶擁有樂天態度的養成背景。

艱困中的溫暖時光 //

　　潘奶奶回憶起讀小學的艱苦時光，書籍、簿本和鉛筆不是像現在那樣隨手可得，而是貴重的學習工具，需要小心翼翼地用四角方巾包裹著，掛在腰間。

　　鉛筆要寫到剩下一小截，握不住了，才能換新的。上學時，打赤腳走路成了家中兄弟姐妹的共同經歷。對家境清苦的潘奶奶來說，擁有一雙鞋子已經是相當奢侈的事，只有在過年時才能有機會買到一雙皮鞋或木屐，媽媽會到布莊剪布為兄弟姊妹製作新衣裳。某次過年時，父母幫潘奶奶買了一雙皮鞋，無奈皮鞋材質較硬，她穿著新皮鞋，與姊妹們和鄰居從萬華走到圓山去玩耍，走著走著腳就起水泡了，結果還是打赤腳，拎著鞋子走路回家。這一幕如同電影一樣，成為姐妹們難以忘懷的回憶。（潘奶奶的妹妹甚至到了結婚時，都還不習慣穿鞋子和長褲，只會穿木屐和洋裝。直到，孩子上學後，才慢慢開始學習如何穿一般的鞋子。）

　　當時，家家戶戶並未有乾淨自來水可以使用，不論煮飯或是洗衣都需要到公共水道提水存入家中水缸，每天提水和儲水也成為了潘奶奶兒時生活的日常。平時下課後，潘奶奶也需要幫忙媽

潘奶奶（左）和三妹（右）至今依舊維持著相當緊密的感情。

媽分擔家計。媽媽會自己親手製作碗粿，放在竹籃中，再蓋上一條布保溫，每個小孩都要提著竹籃去街上沿街叫賣。在碗粿賣完前，大家絲毫不敢懈怠，或調皮貪玩，全心全力都希望能幫忙賺點錢貼補家用。潘奶奶現在拿手的蘿蔔糕，作法與碗粿極度相似，也是當時用來過年過節全家人會一起合力製作的糕點，有象徵凝聚情感的意涵，也或許是潘奶奶用來一種懷念兒時記憶的好味道。

潘奶奶靈巧的手藝，或許就是從包糖果開始奠定基礎的。

逢年過節的時候，潘奶奶還要挨家挨戶去看看左鄰右舍有沒有殺鴨。如果有，就跟鄰居要些鴨毛並收集起來，讓以撿破銅爛鐵維生的爸爸拿去賣，換取一點錢。雖然當時一隻鴨的鴨毛僅僅值得二角錢，但這段經歷塑造了家人之間的深厚凝聚力，成爲潘奶奶心中難以磨滅的珍貴時光。

潘奶奶小時候的生活雖然貧困，但家教很嚴格，她的媽媽受日本教育，說得一口流利的日語，並精通插花，在日本人家裡幫傭，打掃、煮飯、洗衣服樣樣來。1945 年日本無條件投降，日本人被迫遣返，台灣人以期待又不安的心情面對被國民政府接收，一方面高興光復，一方面也擔心原有的工作和生活會有變化。再加上，國民政府尚未到台灣之時，台灣處於無政府狀態，難免會有一些摩擦發生，如：賭博、毆打警察及役場職員等。當時，日

本雇主在撤退之前，打算把好幾間 40 ～ 50 坪大的房子送給潘奶奶的媽媽，但她膽小不敢接受，怕承擔不起未知的後果，後來那些日本人的房子都被別人佔走，成為一段充滿遺憾的回憶，同時也反映出當時的混亂景象。

家變後的堅韌不屈精神 //

　　潘奶奶的爸爸在 60 歲時，因氣喘發作不幸離世，使家裡的收入少了一份來源，潘奶奶一家面臨更大的經濟壓力，五個姊妹們只好外出工作賺錢，支應家中的生計。從很小就協助媽媽賺錢的她，最初是在糖果工廠當童工，主要的工作就將機器製造的糖果用紙包裝起來。在日據時代，台灣的糖業是重要的經濟支柱。早期，糖果製作的程序相當繁複，機器完成後的糖果需要切割成一片片，然後在糖粉上滾動，接著先用糯米紙包裹，然後外層再包上華麗的塑膠紙。這份工作不僅需要費心，更需要專注力，成為潘奶奶正式踏入職場的重要職前訓練。

　　除了在糖果工廠的工作之外，每到中秋節前，附近糕餅店會趕工做月餅，潘奶奶跟妹妹們也會去幫忙包月餅打工賺錢，有些員工為了想吃一口月餅，就會調皮用手指頭去搓破其中一、二個

月餅，然後告訴老闆這些月餅破了，不能包裝販售，老闆也就睜一隻眼、閉一隻眼，送給這些可愛又可憐的小員工們吃，月餅的口味有伍仁、鳳梨、冬瓜等等，潘奶奶現在想起來，似乎覺得小時候的那款古早味月餅最好吃。這段珍貴的回憶彷彿在月餅的香氣中得以保存，成為潘奶奶心中的一段美好過去。

為家計拼搏的時光 //

　　身為大姐的潘奶奶，在面對各種生活挑戰時，始終保持著堅韌的態度，她從不抱怨，更是一位照顧弟妹無微不至的長姐。隨著年紀漸長，責任也更為加重，潘奶奶 15 歲左右，不僅需要工作賺錢，還必須擔負起每天煮飯給弟弟妹妹吃的責任。由於生活環境困苦，糧食選擇有限，地瓜成為窮人家的主食，因為相對於米來說，地瓜的價格較為經濟實惠，所以潘奶奶最常煮的是地瓜籤稀飯，所使用的地瓜籤或芋頭籤是曬乾的，在台灣南部做好之後運送到北部來賣。當時，地瓜籤與米的比例約為 9：1，有時甚至只能吃到沒有米飯的地瓜籤稀飯。或許是困苦的童年時光，潘奶奶吃了太多的地瓜籤稀飯，產生不太愉快的味蕾印象，使她現在對地瓜籤稀飯有點反感。

在那個困苦的年代，地瓜籤稀飯少不了搭配醬菜。一大清早，醬菜車成了街頭巷尾的熟悉景象，銅鐘聲和手搖鈴，加上宏亮的吆喝叫賣聲，噹噹響的醬菜車就在滿街叫賣，因此也稱之為「噹噹車」。車上販售著有大紅豆、麵筋、紅色的麵枝、蔭瓜、豆腐乳，以及海蜇皮等搭配稀飯的食材，各式各樣、應有盡有。當時海蜇皮是窮人家的美味，浸泡過後切片，再沾蒜蓉醬油，非常爽口清脆。但現在涼拌海蜇絲則是在婚宴或請客的餐桌上，做成高級涼拌菜，成了有錢人的饗宴，今古相比真是大異其趣。

從小時候做菜到現在，潘奶奶還是會親自參與每一個做菜步驟。

生活比較寬裕的時候，會使用白米飯搭配上一點豬油和醬油，製作成香氣四溢的豬油拌飯；過節拜拜時，媽媽會跟肉攤要些碎豬肉和肉皮，加上醬油製作成肉燥飯，補充家人的營養。在寒冬的冷季，雖然生活可能稍顯艱苦，無法品嚐到燉補的肉品，但媽媽總是會製作桂圓米糕來補充冬季所需的營養。因為糯米所含的營養媲美肉類，這道米糕不僅美味可口，更賦予身體抵擋嚴寒的力量。

培養堅毅品格的奮鬥歲月 ⁄⁄

在這段經濟變遷的歲月中，台灣的紡織業開始嶄露頭角。1945 年日本戰敗之後，紡織業開始逐漸萌芽，但在 1948 年前約只能滿足當時台灣棉紡織製品需求量約 5% ～ 10% 而已，大多還是仰賴上海供應。直到 1949 年國民政府撤退至台灣時，上海和山東的紡織工業也相繼大舉移進台灣，於是正式進入台灣紡織業的萌發期。1953 年開始，政府開始實施第一期四年的經建計畫，大力發展不需要過多資金和技術，且能提供大量就業機會的輕工業，紡織業也在這段期間迅速發展起來。

潘奶奶的童年歲月雖然貧困，但也正好與台灣經濟轉型的歷史相交輝映。包了十多年的糖果，潘奶奶在 20 歲左右也剛好搭上

這波紡織人力需求的浪潮，轉至成衣廠做成衣包裝，每天下班回家後，她的日常工作並未減輕，還要跟著媽媽挨家挨戶地幫助人家洗衣，每戶按照人頭數計價收費，貼補家用。

艱困的生活不僅見證了潘奶奶的堅韌和毅力，也體現了整個家庭在困境中攜手奮鬥的決心。對於潘奶奶來說，這雖然是成長中的一段艱辛歲月，卻也是她淬煉出堅強品格的時光。

總是充滿笑容和活力的潘奶奶，是大家的老寶貝。

現在的潘奶奶依舊保有兒時調皮可愛的心。

第 3 章

童年的
微笑記憶

一段純真無暇的歲月，是一幅繽紛多彩的風景。最無憂無慮的童年，是潘奶奶一生難忘的幸福回憶。

經濟逆境下的童趣歲月 //

　　日據時期，農民的辛勞和農作物的命運都牢牢綁在嚴厲的制度下。大多數的農民都是種植稻米、甘蔗和蕃薯，然而，農民在辛勤耕作後，卻無法自行儲存收成，農會將所有農產品統一收購，不允許農民私留自用。甘蔗在當時是一個倍受日本人重視的作物，一年只有一次的收成，牛車成了將這寶貴的農產品運送到糖廠的主要交通工具，而糖廠則透過小火車據點將甘蔗運送至製糖廠，再製成糖後出口。村民們偶爾會趁著牛車經過時，悄悄地偷取一兩支甘蔗，但一旦被押運甘蔗的保警發現，將面臨追打或罰款的風險。

　　雖然在這困苦的經濟時代下成長，卻是潘奶奶和姐妹們充滿歡笑回憶的時光。潘奶奶小時候常常會去看人家比賽剖甘蔗，這個比賽通常是一群紈褲子弟舉辦，每位參賽者輪流站在椅子上拿著甘蔗刀由上而下剖開甘蔗，看誰能剖得最長的就是贏家，最短的就是輸家，輸的人就要付一整把甘蔗的錢。然而，對於潘奶奶和她的姊妹們而言，真正的寶藏卻是藏在比賽後，那些被剖開後不被重視的甘蔗。潘奶奶跟姊妹們在他們比賽完，就趕緊撿起那些被他們剖開後不要的甘蔗拿回家吃，打打牙祭。

簡單而充滿創意的珍貴回憶 ⫽

每當潘奶奶與姐妹談論起兒時的回憶，總是會充滿感慨地覺得還是小時候的日子有趣，希望可以回到那個充滿人情味，也無須擔心治安好壞的時光。在家的前庭院子，是孩子們活動的核心，也是凝聚居民情感的重要據點。一群小朋友們聚在一起玩耍和追逐，分享日常，即便是吃飯時間，他們也會把飯端著到隔壁一起共享。

潘奶奶小時候的遊戲，與現今科技取代的世界有著天差地遠的不同，但卻是簡單而充滿創意。捉迷藏是他們最愛的活動之一，躲在花叢中，或者躲在屋子後，彷彿能把整個世界都藏在自己的小小天地裡。有時候與同伴們一起去遠足，用手帕包著一些白飯和人家不要的香蕉，就興高采烈地出門，到目的地的時候還是因為擠壓而爛成一團。此外，跳橡皮筋、丟沙包、老鷹抓小雞，還有煮椪糖等各種無需太多道具，就能觸發孩童歡笑的簡單遊戲，都是最珍貴的歡樂記憶。

然而，最令潘奶奶懷念的莫過於兒時的煮椪糖。煮椪糖的方式，在現在台南孔廟前的市集上仍然可以看得到，將黑糖及白砂糖以1：5的比例混合後，放滿湯勺的一半再放一點水，水淹過糖，放在火

爐上慢慢讓糖融化並輕輕攪拌避免燒焦，等到煮滾冒泡時，讓湯勺離開火源，加入一小包發粉，然後快速攪拌，大約 30 秒，就會膨脹成酥酥脆脆的古早味甜蜜零嘴。儘管份量雖然小小一勺，卻是當時孩子們的小確幸，潘奶奶現在回想起來，仍然覺得趣味無窮。

調皮貪玩的兒時歷險 //

　　別看潘奶奶是個女孩，小時候也頑皮得很，老是喜歡當跟屁蟲，跟在一群小男生後面，大膽冒險地去偷採圓仔花、白甘蔗、

潘奶奶依舊喜歡跟朋友到處遊玩。

番石榴，還有偷挖蕃薯來吃等，更令人驚奇的是，她還會去捅蜜蜂窩，然後挖蜂蜜以及蜂蛹來吃。有時候，她還會去溪邊抓大肚魚，在田裡灌蟋蟀。偶爾，隔壁鄰居的雞跑到馬路上，被牛車壓死，一群人就趁主人沒發現前，把被壓死的雞抓來殺雞拔毛，炒薑母來吃，也吃得津津有味。這樣的光景，正是光復初期生活的真實寫照，卻也為潘奶奶帶來難忘的兒時樂趣。

不僅如此，10多歲時的潘奶奶和姐妹對於台灣第一家現代百貨「菊元百貨」總是充滿期待，時不時就相約一同前往，每次都玩得不亦樂乎，而且一待就是一整天。菊元百貨位於今衡陽路一帶，因為有七層樓高，所以常被稱為「七重天」，也是日治時期台北市繁榮興盛的象徵。當然能去逛百貨公司的人大多是日本人和富裕的台灣人。然而，這對家境清寒的潘奶奶來說，根本沒有多餘的零用錢可以坐公車到百貨公司，所以都是偷偷摸摸地跑上公車，每當司機發現這些女孩又乘坐霸王車時，總是毫不留情地趕她們下車，喝止她們不准再犯。但儘管受過警告，調皮的潘奶奶仍然不放棄逛百貨公司的機會，還是帶著姐妹們一起偷偷搭順風車。這些瞬間也成為潘奶奶心中童年的美好一刻，充滿了歡笑和淳樸的味道。

蘿蔔糕

典故

　　蘿蔔糕閩南語稱爲「菜頭粿」，又有好彩頭的寓意。不論過年拜拜或是送禮，蘿蔔糕都是首選，因爲「糕」與「高」同音，又有「步步高昇」、「年高長壽」等意涵。傳說在春秋戰國時期，吳國大夫伍子胥爲應對戰亂和飢荒，創造了將糯米粉壓實成磚塊狀的食物，卽蘿蔔糕的起源。

　　又有一說是，明鄭末期，延平王鄭克塽有意向清朝投降，當時台灣的末代王爺朱術桂聽聞之下，便召集了替自己耕種的農民，將自己的土地送給他們，而後自盡殉國。民衆爲了感念朱術桂的善舉，便會在他的忌日、誕辰，或是逢年過節時準備糕粿到他的墳前祭拜。

　　過去，白蘿蔔主要在秋冬後收成，爲了保存其美味，以傳統粉糕技術製成蘿蔔糕，成爲農曆新年的應節食品。此外，蘿蔔糕的製作通常需要家人共同參與，象徵著家庭的團聚和共同努力，有助於加深親情。

營養價值

　　白蘿蔔雖然與紅蘿蔔看似相似，但卻是截然不同的兩種蔬菜。蘿蔔屬十字花科，和青花菜、高麗菜及芥藍菜是同科親戚。白蘿蔔含有豐富的鉀、鈣、葉酸和維生素 C，有助於改善高血壓的狀況，預防骨質疏鬆、維持神經傳導、肌肉收縮的機能，且能有保護心血管和抗氧化功能。

　　然而，蘿蔔糕所使用的材料是在來米粉，屬於澱粉類，3 塊白蘿蔔糕就等同 7 分滿的白飯，糖尿病患者要斟酌食用，不宜過量，血糖容易飆高。

重點精華

(1) 切蘿蔔糕時，要等蘿蔔糕完全涼才不易碎，可以將菜刀雙面均抹上薄薄一層的沙拉油後再切，避免沾黏。
(2) 油煎蘿蔔糕忌諱一直翻動，可使用中小火煎即可。
(3) 蘿蔔糕要不易失敗，粉跟水的比例很重要。

材料

- 在來米粉 600 克
- 白蘿蔔 5 根
  （約 3000 克）
- 鹽 少許
- 二砂糖 少許
- 白胡椒粉 少許
- 水 720 毫升

作法

1. 在來米粉中加入 4 量米杯水（約 720 毫升），攪拌均勻成粉漿備用。

2. 將白蘿蔔洗淨，削皮，再刨成絲，放在炒菜鍋中，加 400 毫升的水，先大火煮滾後，轉中小火，將蘿蔔煮軟爛，再加鹽、二砂糖、白胡椒調味。

3. 倒入攪拌好的粉漿，混合均勻，變成蘿蔔粉漿。

4. 模型鍋中鋪上年糕紙或保鮮膜，倒入混合均勻的蘿蔔粉漿。

5. 將模型鍋放入電鍋，外鍋加 3 量米杯水，煮好之後，再悶 10 分鐘。

6. 悶好之後，用筷子刺入蘿蔔糕中，測試熟度。如果筷子還有白漿未熟，外鍋再加 1 量米杯水，再蒸一次即可。

7. 蘿蔔糕放涼之後，可切塊，方便保存。

潘奶奶拿手食譜

芋頭丸子

典故

　　登上米其林指南必比登推薦街頭小吃的炸芋頭丸子，是衆多人津津樂道的美食。由於芋頭主要產季落在農曆八月，正值中秋佳節。另由於芋頭在發音上與「餘頭」諧音，因此被視爲好彩頭，代表著富裕和好運。因此，中秋除了享用柚子和月餅之外，吃芋頭也成爲慶祝的習俗。

　　隨著時光的推移，芋頭的料理方式也演變出多樣風味，其中外酥內軟的炸芋頭丸子更是受到廣泛喜愛。然而，由於芋頭的處理較爲繁複，削皮時容易接觸含有草酸鈣結晶的汁液，可能引起皮膚不適。因此，這道美味的點心通常僅在每逢年過節或宴客時才登場，爲特殊場合增添獨特的風味，也成爲許多人心中充滿古早味的阿嬤美食。

營養價值

芋頭含有豐富的膳食纖維，約為米飯的四倍、馬鈴薯的兩倍，可有效改善消化功能，緩解便祕。其高纖維含量，有助增加飽足感，用它取代部分米飯，是減重的理想選擇。由於芋頭的升糖指數相對較低，對於有糖尿病或高血糖的人而言，是相對安全又美味的食物。除此之外，芋頭能有效調解身體酸鹼平衡，可用來防治胃酸過多症。它更含有黏液蛋白，可提高身體的抵抗力。

特別值得注意的是，芋頭中富含植化素「皂素」，具有抗氧化和免疫調節的功效。然而，也因為芋頭含有皂素，未經煮熟前可能引起皮膚發癢，因此食用時務必確保煮熟。

重點精華

⑴ 如果喜歡芋頭丸子口感 Q 一點，可以稍微增加太白粉的用量。
⑵ 建議處理芋頭保持手部乾燥或戴手套，先削完皮後再清洗表面的髒污和黏液即可。
⑶ 想要更綿密細緻的芋泥質地，可以把芋泥放到篩網上壓過一次。

材料

· 芋頭 300 克
· 麵粉（或太白粉）30 克
· 二砂糖 50 克
· 沙拉油 310 克

作法

1. 保持手部乾燥或戴手套，先將芋頭削皮，然後切絲或刨成絲。

2. 接著，將芋頭絲放電鍋中，外鍋放 1 量米杯水，蒸熟。

3. 趁芋頭還有熱度，將二砂糖倒入，攪拌均勻融化。

4. 再將麵粉（或太白粉）以及沙拉油 10 克倒入，混合均勻。

5. 用湯匙或冰淇淋匙，依個人喜好取約 1 大匙的量，用手搓成丸子。

6. 鍋中放入約 300 克的油，大火加熱（至放入竹筷會冒小泡泡，表示油溫適當），再轉中小火，放入揉捏好的芋頭丸子，不時翻動，炸至金黃色。

Tip 講求健康烹調，也可以用氣炸鍋以 180°C，氣炸 25 ～ 30 分鐘，即可上桌。

潘奶奶拿手食譜

桂圓米糕

典故

　　傳統的甜米糕是以全酒製作的甜點，也常被用來當作進補的甜品。雖然甜米糕平時在台灣不常見，但卻是過年過節相當受歡迎的傳統點心，俗語說「吃甜甜，好過年」，有象徵好運到和開運的意涵。早期環境不富裕的年代，「立冬補冬」時，再窮的人也會做桂圓米糕來滋補身體，在老一輩台灣人的心中，糯米的營養價值可媲美肉類，能讓身體具有抵擋寒冬的力氣。

　　早期送米是一件很貴重的禮物，也富有「財庫」的含義。米也代表多子多孫、幸福美滿的意涵。因此，在後來的婚禮或彌月，都可以見到以米糕作為喜慶佳餚。此外，女兒出嫁後第一次回娘家的「歸寧」，也會吃到甜米糕。

營養價值

糯米含澱粉、蛋白質、脂肪以及豐富的維生素 B1 及 B2、鈣、磷、鐵、硫胺素、核黃素等,具有提升食慾、恢復體力、改善記憶力的優點。糯米富含磷,能幫助人體代謝澱粉、脂肪產生能量、調節生物活性、組成細胞結構的功效;更含有鈣質,有幫助骨骼與牙齒健康的功能。中醫認為:糯米性質溫和,食用有補中氣、身體發熱的效果,具有幫助禦寒的優點。

桂圓,即是龍眼乾,是龍眼經過窯烤烘乾或氽燙日曬後而製成,含有豐富的鈣、磷、鐵、鉀等礦物質,與維生素 B1、B2、C 和菸鹼酸等營養成分,鮮食可補充鐵質,有助於增強記憶力及消除疲勞的功效。以中醫角度,性溫味甘,有補血、益脾、開胃之效,很適合生理期或產後調理,亦作為冬季活絡氣血之用,有助改善手腳冰冷不適。但因為龍眼甜度高、含鉀量高,若有糖尿病、腎臟病史者,都應該適當食用。

重點精華

⑴ 桂圓米糕是經典的台式甜點,也是冬天養生滋補的甜品。

⑵ 浸泡步驟不能偷懶,才能達到軟糯香甜口感。

⑶ 煮糯米的米和水量比例約為 1:1。

材料

· 糯米 2 量米杯（約 300 克）

· 米酒 180 毫升

· 龍眼乾 2 大匙

· 二砂糖 3 大匙

作法

1. 將糯米洗淨後，加入水浸泡。浸泡時間為 4 小時，糯米瀝乾後備用。

2. 將糯米放入電子鍋內鍋，加入米酒和水，水與米酒 1：1，至水面高於糯米 1 粒米高（約 0.5 公分），然後把龍眼乾均勻鋪在表面。

3. 飯煮好後，拌入二砂糖攪拌均勻，再蓋上鍋蓋，悶 20 分鐘即完成。

Tip 圓或長的糯米都可以，糯米圓的比較黏、長的比較 Q，可以依自己的喜好選擇

潘奶奶拿手食譜

滷肉飯（肉燥飯）

典故

　　肉燥飯被視爲極具台灣特色的小吃，台灣北部也稱爲滷肉飯，每個地區作法有些許不同，主要是將以醬油滷汁慢火燉煮碎豬肉的肉醬，淋上白飯的特色佳餚。南北滷肉飯除了名稱不同外，口感和肥瘦比例也稍有差異，北部的滷肉飯習慣以五花肉切丁熬煮，口感會較油膩，而南部肉燥飯多以絞肉煮成，所以吃起來比較清爽。

　　據說是因爲早期生活較艱困，一般家庭的飲食很難吃到大魚大肉，爲了讓家人可以補充營養，有些主婦會向肉攤老闆索取剩餘的零碎肉塊和豬皮，回家細切或絞碎處理後，加上蔥蒜和香料混炒，最後加入醬油滷製成肉燥，再淋在白飯上，一碗充滿家鄉味的主食就完成。流傳至今，滷肉飯不再只是貧窮人家的美味，更是一種惜物愛物的概念。

營養價值

　　常被認為是高油脂的滷肉，其實也能透過控制肥瘦比例而達恰到好處的營養價值。豬肉可提供許多人體所需的重要營養，含有人體無法合成之必需胺基酸，具豐富優質蛋白質，並提供血紅素和促進鐵吸收的半胱氨酸，能改善缺鐵性貧血。此外，豬肉也富含微量元素，是維生素 B 群的良好肉品來源，尤其是維生素 B1，約 85 公克（約 0.14 台斤）的豬後腿肉便能提供每日成年男性所需約 49% 與成年女性所需約 65% 的維生素 B1。

香菇含有香菇多醣，能增加人體免疫能力，促進淋巴球活化，吞噬細胞，分化腫瘤壞死因子，促進抗體產生，減緩癌細胞的繁殖與生長。此外，β-葡聚醣亦能增進免疫力，香菇內含的核酸可使細胞內的去氧核醣核酸（DNA）和核醣核酸（RNA）發育正常，防止癌細胞形成，是相當有益人體的食物。

重點精華

⑴ 北中南部的滷肉飯（肉燥飯）最大不同在於肥肉比例。

⑵ 選用手切三層肉，經過燉煮釋出膠質，油脂豐富更為潤口滑嫩。

⑶ 膠質是滷肉飯美味的關鍵，冷藏一天後，隔天加熱會更加美味。

材料

· 香菇 6～7 朵
· 紅蔥頭 5～6 顆
· 薑末 1 大匙
· 豬三層肉 1 小條（切成條丁狀）或粗豬絞肉 1 台斤（約 600 克）
· 白胡椒粉（&五香粉、甘草粉）全部少許

· 冰糖 2 大匙
· 醬油 100 毫升
· 米酒 50 毫升
· 水 600 毫升（香菇水可以加進來，總量 600 毫升水）

作法

1. 香菇泡水、切絲備用。

2. 接著，紅蔥頭切碎，冷鍋放入油（紅蔥頭：油 = 1：2），放入剛切好的紅蔥頭，炸至金黃色後，用網子瀝出油，將紅蔥頭和油放置一旁，稍後使用。

3. 加少許油，煸香香菇，再依序加入薑末、三層肉或粗絞肉炒 3 分鐘，至肉變色。

4. 加入白胡椒粉、五香粉、甘草粉。

5. 再加冰糖、醬油、米酒、水。

6. 大火煮滾，改小火燉煮 1 ～ 1.5 小時 （或用陶甕 45 分鐘）。

7. 最後，加 1 大匙紅蔥頭和 1 大匙炸紅蔥頭的油，即可食用。

麻婆豆腐

典故

　　麻婆豆腐是最具代表性的川菜之一。相傳同治元年（1862年），由成都市北郊萬福橋一家名為「陳興盛飯舖」的小餐館老闆娘陳劉氏所創。由於陳劉氏的臉上有麻點，大家都稱她為「陳麻婆」，她所製作的燒豆腐也被稱之為「陳麻婆豆腐」。一開始陳興盛飯舖所製作的麻婆豆腐是以牛肉為主，但為了讓不吃牛肉的食客也能品嚐，而改為用豬肉替代。

　　這道四川名菜也在 1949 年大遷徙的時候傳到了台灣，由於作法簡單且容易下飯，很快地就廣為流傳，在 1960 年代烹煮此道料理時，是使用花生油，肉品則不限牛、豬，味道也稍微改良，改以辣豆瓣醬取代花椒油和辣椒，口味較不麻辣。

營養價值

豆腐含有豐富的優質大豆蛋白，鈣質、維生素 E、卵磷脂及半胱胺酸等營養素，又沒有肉類所含的飽和脂肪及膽固醇，可保持肌肉質量，加速代謝率，並且改善腸道環境。含有植物蛋白的豆腐與肉類一起食用，能同時滿足身體對動物蛋白的需要，維持更好的均衡營養。

此外，豆腐含有稱為多酚的大豆皂苷，可以抑制脂肪堆積，屬於低熱量、低 GI 的食品。豆腐中大豆異黃酮的作用類似女性荷爾蒙，尤其當更年期女性的女性荷爾蒙分泌下降時，造成容易發胖，豆腐的植物雌激素，亦能降低心血管疾病的風險，以及抑制癌細胞生長。更有研究發現，大豆異黃酮可以增進人的非語言記憶、言語流暢性表現更好，活化大腦、預防記憶力衰退、減輕罹患阿茲海默症（Alzheimer's Disease）的風險。

重點精華

⑴ 麻婆豆腐首重麻、辣、燙、嫩、酥、香、鮮的風味。
⑵ 以小火燉煮的方式能使豆腐入味，切勿過度翻炒，以免豆腐破碎影響口感。
⑶ 可將豆腐先用鹽水泡過，拌炒時較不易破碎。

材料

· 嫩豆腐 2 盒

· 豬絞肉 200 克

· 米酒 15 毫升

· 醬油 1 大匙

· 辣豆瓣醬 2 大匙

· 太白粉 2 大匙

· 蔥末 2 大匙

· 白胡椒粉 少許

· 香油 少許

作法

1. 將豆腐切成約 2 公分的立方小塊。

2. 鍋子加熱後，放入豬絞肉，將豬絞肉炒至變白色，加 1 大匙米酒去腥。

3. 接著，加入塊狀豆腐，以及辣豆瓣醬與醬油，用鍋鏟背面慢慢推勻，避免弄破豆腐，煮滾。

4. 將太白粉加水調勻，倒入鍋中勾芡，用鍋鏟背面慢慢推勻，加白胡椒粉、香油，即可盛盤，然後撒上蔥末。

婚姻生活

隨著經濟起飛，生活品質逐漸改善，潘奶奶踏上全新的人生旅程。
她依舊展現不屈不撓的毅力，勇敢地迎接未知的明天。

開朗的潘奶奶總是抱著勇往直前的毅力。

第 1 章

花樣年華的
嶄新可能

為生命揭開嶄新的可能，不懼嘗試地
打開生活的序幕。青春正在綻放，踏
上為愛情、生活奮鬥的新篇章。

戰後台灣的新生希望 ⁄⁄

　　第二次世界大戰後的台灣，面臨種種困難時刻，不僅許多原有的基礎建設需要重建，更有大批的大陸軍民移居台灣，使得這塊土地上湧現著新的生機。然而，面對戰後通貨膨脹的壓力，以及外匯短缺的困境，受到美國的援助，如同點燃起了一絲微光希望。1955 年之後，美援貨款投入印刷業，各類印刷設備也相繼更新，新建立的印刷廠也如同雨後春筍般紛紛出現。

　　潘奶奶結婚前的最後一份工作是在延平北路的印刷廠上班，幫忙畫帳簿上的線。由於生活環境依舊艱困，在街邊依舊有許多排隊領民生救濟物資的人，發放的麵粉袋，上方還印著中美合作的緊握兩手。許多以麵粉製作的料理，也都是當時發展出來，如水餃、饅頭、芋頭丸子、蔥油餅等。當時，潘奶奶的家境狀況尚未好轉，仍需要省吃儉用，降低開銷，才能維持家中生計。所以，媽媽不准潘奶奶坐公車上班，每天依舊需要帶著自己家裡做的便當，從家裡步行到公司，日子雖然充滿辛勞，卻也是體現了台灣在重建歲月中的堅持。

美味的芋頭丸子，是充滿回憶的好味道。

媒妁之言牽起的緣分 //

　　潘奶奶年輕的時候很漂亮，總是穿著長裙，紮著長髮，個性又溫柔婉約，吸引很多單身男子喜歡。她與潘爺爺的緣分是始於一場相親。當時潘奶奶的二妹，在情報局的附屬單位上海印刷廠

工作，認識了經常往返情報局與印刷廠之間的駕駛徐先生，後來就嫁給了徐先生。由於潘爺爺是情報局汽車隊的上尉隊長，也就是徐先生的直屬長官，潘爺爺在幾次見過潘奶奶之後，對她產生了極大的好感，心生想要更進一步認識她的念頭。於是，他請來徐先生（二女婿）幫忙介紹並安排一次相親。然而，他們同時又擔心潘奶奶知道後可能會不願參加，因此採取了一些小心機。為了避免潘奶奶提前發現這個計劃，他們偽稱二妹在家準備了一頓豐盛的晚餐，希望潘奶奶能夠前來共享美食。其實是暗中安排潘奶奶跟潘爺爺見面，事先潘奶奶並不知情。

1949 年，國民政府撤退來台，隨著國民政府來台灣的人常被稱為「外省人」。依當時的習俗，如果女孩嫁給本省人，女方家需要準備豐厚的嫁妝，如果準備不出像樣的嫁妝，嫁到婆家之後就會沒面子、沒地位，也可能會受盡欺凌。但是嫁給外省老兵則不用嫁妝，也不用侍奉公婆，而且大部分老兵很疼太太，通常都會幫忙煮飯做家事，之後也比較不用為錢煩惱。為了確保潘奶奶的婚姻光明無虞，潘奶奶的媽媽竭盡所能地說服她，認為嫁給潘爺爺是一個明智的選擇。她不斷向潘奶奶強調嫁給潘爺爺的優點，包括他的品德、家世和對潘奶奶的愛護。她認為潘爺爺是一個值得信賴和可靠的人，能夠給予潘奶奶幸福和安定的生活。在媽媽

的堅持和說服下，潘奶奶最終答應了這門親事，決定與潘爺爺步入婚姻的殿堂。就這樣，在相親幾個月之後，兩個人就結婚了。其實這就是父母作主的婚姻，潘奶奶也走進這場複雜而美妙的人生花樣年華，時年 25 歲（1959 年）。

潘奶奶與潘爺爺的結婚照。

命運多舛的潘奶奶，從不抱怨，91 歲的她很多事依舊親力親為。

第 2 章

初婚的
苦澀旋律

如同樂曲悠揚起伏，初婚的旋律不僅
是一段苦澀的旋律，更是一種堅持的
勇氣。生活中的甘苦歡樂，都是化逆
境爲信念的養分。

逆境之初的婚姻 //

　　結婚，人生大事，就算是窮苦人家，也是要做做樣子，雖然不需要繁文縟節的儀式，總是希望有一番新婚的盛大模樣，要求點聘金與婚宴排場……。然而，潘爺爺長期以來，單身慣了，一直是位月光族，口袋裡根本沒錢，但是為了這場婚禮，潘爺爺艱難地湊足了一點點什麼可以變賣的東西，通通賣光，打腫臉充胖子—— 擺出一副闊綽的姿態，聘金、手飾和流水席一應俱全。

　　等到潘奶奶嫁過來以後，才發現這場美好婚禮的背後，實際上是一片家徒四壁，令人慘不忍睹，更讓她心碎的是，那只結婚戒指居然也是借來的，婚後必須歸還，當時她眼淚都快掉下來了，內心充滿矛盾，很想馬上轉頭就走，不想嫁了，但最後也只好忍了下來。所幸，潘爺爺是個非常老實且努力的人，對潘奶奶也格外照顧，是個顧家的好男人，儘管他生活環境艱困，卻仍然努力營造一場美好的婚禮，盡力為潘奶奶帶來幸福。這段困境中萌生的感情，也為他們帶來截然不同的考驗。

命運轉折的婚後歲月 //

　　隨著國民政府撤退來台，當時總統蔣中正入住士林官邸，保衛總統的周邊組織也逐步設立，座落於芝山岩的情報局就扮演格外重要的角色。芝山岩情報局大門口外，右手邊就是汽車隊，潘爺爺原來是汽車隊裡的駕駛教官，後來慢慢地升遷，最後做到汽車隊隊長（上尉）。由於潘爺爺來台後，10 年維持單身身分，所以並沒有資格分配有眷宿舍，等到結婚後，要再想排隊分眷舍，就非常困難了，所以當時就帶著潘奶奶住在單身宿舍裡。

　　婚後沒多久，潘爺爺不幸得到急性猛爆性肝炎，差點死掉。在那個時候醫療環境那麼差的時代，潘爺爺能夠康復真的是不幸中的大幸。之後，就因為身體因素，被迫提前退伍（1960 年），沒有任何終生俸或退休金，須自謀生活，當時本來就很窮，生病

潘爺爺當年的駕駛執照。

退伍後，就等於失業，更是雪上加霜。搬離宿舍後，就承租岩山里曹昌隆里長家四合院中的一個房間，這個在芝山岩的「曹家莊」古厝，現在已經列入古蹟了，潘奶奶全家人都曾經住過，留下美好的回憶。

樸實勤儉的生活方式

　　潘奶奶向來個性就相當的隨和，喜歡與人相處，因此芝山岩一帶的老人都認識她，給她起了個外號叫「水珠」。常聽人說，潘奶奶早晨都會背著小孩從曹里長家走出來，到復興橋下的溪邊洗衣服，她手握著肥皂和木製的搗衣棒，以石頭為洗衣板，蹲在溪旁，一邊敲打，一邊沖水，把肥皂水和髒污拍打出來，宛如電視上歷史劇情的場景。通常洗一家衣服就要好幾個小時以上，每件衣服又得費力擰乾，是個極度耗費體力的勞力活。

潘奶奶對於三個孩子總是無怨無悔的付出。

逢年過節的時候，潘奶奶也會幫孩子準備新衣服。

　　除此之外，由於當時租房的條件很差，屋內牆壁上都是簡單地以報紙當作壁紙，每到過年的時候，就會把牆壁上舊的髒的報紙全部撕除，然後再貼上新的。報紙也是去跟別人要來的，幾乎就是零成本的裝飾方式，生活的貧窮且節儉到了極點。每當新的一年來到，潘奶奶總會別出心裁地幫孩子製作新衣服，她會買些布料請裁縫師簡單做來穿，讓小孩在新的一年中有些許新氣象，獲得新衣服的孩子們也會抱著相當珍惜的態度，把衣服摺好放在床頭，等到大年初一立刻換上它。而平常穿的衣服，就是年長的小孩穿不下之後給年紀小的小孩穿，形成了一種物盡其用的節儉方式。

經歷台灣從困苦到進步的潘奶奶，對於自己的未來一向保持樂觀。

這是偉大的時代
我們很榮幸的生
應當快樂，不斷

This is a great era, a glo
live in this great era. W
we should continually w

第 3 章

從軍旅生涯
步入平凡日常

退去翻騰的軍旅生涯，駛入未知的嶄新旅程。生活雖然依舊貧困艱難，但卻充滿未來奮進的期許。

尚可溫飽的軍眷生活 //

　　起初的婚後生活，因為潘爺爺是軍人，當時政府為照顧軍人和眷屬生活，軍方提供軍眷補給，包含按照眷屬與子女的年齡分大口、中口和小口的眷糧，教育補助、醫療就診（軍眷診療所）等。政府每月發放的煤炭（以代金發放）、米、油、鹽、麵粉等都會依家裡的人口數配給，家家戶戶會提著大小各異的玻璃油瓶及容器按大小口領取物資，這些物資基本上是吃不完的，有的家庭會去換麵條，或是跟農會換其他生活用品，青菜和肉類則是需要另外購買。

　　當時（1959年），有眷屬者每戶每月能換一包麵粉，單身者每月兩人合併交換一包麵粉。由於軍人大多沒有土地可以生產食物，所以非常仰賴配給的物資，再加上軍人薪餉不高，一個月幾百元，青菜都是買便宜的，肉因為比較貴，買的次數相對比較少。在這樣的時空背景下，就需要運用有限的資源，以各自家鄉的手法烹調，創造出符合家鄉味的佳餚，依照潘奶奶如此好客和隨和的個性，必定從街坊鄰居獲得許多料理靈感，這或許啟發潘奶奶習得一番好手藝的開端。

潘爺爺退休後的職涯轉變 //

　　潘爺爺軍職被迫退休後，為了要養家餬口度日，就開了個駕訓班。在軍中，他就是個駕駛教官，雖然擁有豐富的駕駛經驗，但由於沒有做生意的頭腦，不懂如何經營，於是生意慘澹。歷時一年多之後，只能倒閉收場。之後，他又轉行當起了計程車司機，儘管對於拓客並不擅長，卻為了生計勉力維持。這時候情報局副局長潘其武，剛高升成為陽明山管理局局長。潘爺爺在走投無路

孩子小時候最喜歡坐潘爺爺的交通車一起外出。

的情況下，加上還有三個小孩要撫養，就只好厚著臉皮去找這位老長官幫忙，於是他就當上了陽明山管理局的交通車司機。每天早上，他需要到宿舍接載公務人員，送抵辦公室後進行洗車、擦車、加油、檢查輪胎等工作，下午再把大家載回宿舍。當時一週上班六天，日子辛苦勞動，月薪僅爲寥寥五百元。

有時，潘其武局長爲了慰勞員工，也會特別請潘爺爺週日開著交通車載員工到寶慶路的百貨公司購物，結束之後，再接送他們回宿舍。潘爺爺有時也會帶著孩子一起前往，在交通車上等待的時間，他就會要求孩子要背誦課文，完成後將獲得一碗牛肉湯外加槓子頭作爲獎勵。平常孩子偶爾才能拿到五毛零用錢，要品嚐一碗牛肉湯是件多奢侈的享受，因此總是會爲了那一碗難得的牛肉湯，一字不漏地背完課文，而這段難能可貴的時光也成爲父子間最難忘的回憶。

順應時代轉變的時光

潘爺爺擔任交通車司機後，陽明山管理局同時配給了一間15 坪大的宿舍，座落在陽明山國小旁邊，於是全家五口就搬離曹里長家。起初，全家的飲食大多由潘爺爺包辦，以購買現成的

大饅頭，搭配大頭菜、榨菜等鹹菜爲主，偶爾還會煮綠豆稀飯。1960 年代，由於配量制度改變，行政院實行「軍公教人員配給食米部分換發麵粉」制度，中央公教人員及軍眷採取自由申請食米；省級以下機構的公教人員則採「硬性搭配」，在配給時總額中 20% 折發麵粉，以取代原來配給的米。因此大多數吃麵食類，有米的時候通常是用來煮稀飯的。

米飯是當時很珍貴的食材。

在那個年代，家裡沒有瓦斯爐，都是用煤球爐起火，要煮一頓飯可不是件易事。爐具多是利用軍中廢材棄料自製而成；煤球，有大顆、小顆，還有半顆的，主要是由黏土加水混合碎煤塊，壓製成的圓柱體，經過曬乾方可使用。由於煤球不易點燃，要先用木材在爐底起火，之後再用特製的煤球夾，將煤球夾入爐內，在火上烤好一會兒，才會點燃。所以，為了省去點火的麻煩，大多數的主婦都習慣使用「續」煤球的巧妙方式，在上一個煤球快燒光前，快「續」一顆新的，保持火力不間斷。因此，煮飯火候的控制，也是一門學問，是利用底下一個水泥做的孔塞，塞住時火力變小，孔塞拔起時火力就會變大。

每次煮飯就跟打仗一樣，先在屋外把煤球升起火來，然後再搬到廚房，煮完飯之後，還要用煤球的剩餘火力，燒熱水給一家大小洗澡，非常節儉，經濟有效率。有時候怕熱水涼了，還會用水壺盛水擺在罩著爐眼的鐵板上保溫。這樣充滿節儉和經濟高效的生活方式，雖不及現代便利，但卻散發著濃濃地簡單幸福和生活智慧。

現在的做菜方式已經便利很多。

不論時代多少變化，美食總是能帶串起一家人的情感。

第 4 章

變遷中的
堅毅與勇氣

在充滿變革的年代,唯有堅毅的心智和
不屈的毅力,才能面對世道的起伏。潘
奶奶以屹立不搖和樂觀的信念,為家庭
帶來美味和豐盛的果實。

難能可貴的美食記憶 //

　　隨著三個孩子漸漸長大，潘奶奶在大女兒於 1967 年開始上小學後，陸續大兒子、二女兒也進入小學。潘奶奶有了些許閒暇，就開始學做饅頭，這不僅節省開支，更注重食材衛生。一開始因爲不熟練，麵團有時會發酵成功，有時失敗，逐漸上手了之後，又陸續挑戰學做蔥油餅、麵疙瘩、貓耳朵、醃製台式眷村臘肉等等。爲了讓小孩子們的飲食更多樣化，同時也打打牙祭，潘奶奶當時還自己摸索學做油條，雖然一開始做的時候均告失敗，但皇天不負苦心人，最後也都成功學會了，還能用來沾花生仁湯，相當美味。就以這份不願意屈服的個性，她和潘爺爺憑著記憶慢慢地摸索學習，水餃、包子、榨菜肉絲、豆乾炒肉絲等的家常菜也登上了家中的餐桌，豐富了家中的菜餚，也溫暖了家人的心。

　　此外，每天清晨，潘奶奶便開始忙碌，親手製作美味便當，供小孩帶到學校去吃。這些便當不僅香氣四溢，更因其美味而受到同學們的讚譽，經常有同學會提出交換便當的請求，孩子們基於分享美食都會欣然同意，由於那時候的便當都是潘奶奶一大早堅持親手製作，除了熱騰騰之外，更追求營養均衡，所以深受同學們喜愛。

（左圖）台式眷村臘肉是潘爺爺喜歡的一道菜，現在已經成為家傳料理。

（右圖）需要時間醃製的台式眷村臘肉，就像回憶一樣愈陳愈香。

溫暖人心的家常好味道 //

　　隨著台灣經濟起飛，加上潘奶奶偶爾外出工作添補家用，家中便當的菜色也愈加多樣豐富，不再只有簡單的白飯和配菜，更有魚、有肉，潘奶奶的廚藝也因此在同學之間廣受好評。當中最受歡迎的莫過於潘奶奶的獨門便當排骨豬肉，一種是帶骨頭的，她會用滷汁或者用電鍋蒸，不使用油炸的，不僅健康，

料理最重視食材簡單健康，
但要令人能感受家的溫暖。

還能確保裡面熟透；另外一種則是不帶有骨頭的里肌肉豬排，她會先將肉醃製好，待需要時才拿出來輕煎，口感絕佳，令人相當記憶深刻。

生性樂觀的潘奶奶喜歡交朋友，也總把子女的朋友當作自己的孩子在照顧，尤其是住宿在外的，潘奶奶總是經常性的邀約到陽明國小旁的宿舍家中吃頓溫馨的家常飯菜，即便在 15 坪不到的宿舍裡，潘奶奶也成功地營造出了「第二個家」的溫馨與關懷氛圍。她總是用最拿手的家常料理，讓離鄉背井的同學們感受家的溫暖。至今，這些好朋友們不但和潘奶奶成為忘年之交，甚至只要有聚會一定會熱情的邀約潘奶奶一起參與，對潘奶奶的好廚藝念念不忘，像是醉雞、烤麩、紅燒牛肉湯、滷雞翅、滷雞爪、滷豬腳、梅乾菜炒苦瓜、薑絲大腸、炸醬麵、油飯等，每一道都讓人回味無窮。很多朋友到現在還會問：「潘媽媽現在還會做什麼菜來吃嗎？」那正是因為他們太懷念潘奶奶的好廚藝！

經濟壓力下的生活變革 //

隨著三個小孩陸續長大，經濟壓力也逐漸增加。光靠潘爺爺一個人的收入，根本入不敷出，因此，潘奶奶迫於生計，又必須

出去打工賺錢了。最初，她是到陽明山國小工作，不僅離家較近，又方便照顧孩子。當時國小供應學生營養午餐，潘奶奶擔任午餐打菜阿姨，而廚房是由退役伙伕老兵擔任廚師，老兵把菜煮好，潘奶奶跟其他的打菜阿姨，負責把飯菜搬到教室，待小朋友吃完飯之後，再收回餐盤、菜盒等相關工作。

這段期間，潘奶奶並沒有機會靠近廚房，直接參與或學習烹飪相關工作，經過幾年之後，國小供應學生營養午餐的政策改變，不再提供午餐服務，這使得潘奶奶不得不面臨失業的現實。

被迫離開打菜職務之後，為了補足家計，潘奶奶轉而到富裕人家當幫傭，協助他們整理家務，如掃地、拖地、煮飯、洗衣服，樣樣都來。在這段期間，她深刻體會了生活的種種艱辛，看盡人世間的浮浮沉沉，並從中領悟許多的人生哲理。許多原本相當富裕的家庭，請潘奶奶到家中幫傭，但隨著時光流轉和變遷，家道中落，無法再承擔佣人費用，潘奶奶就只好換個地方繼續做，就這樣做了二十多年。

從以前做慣家事的潘奶奶，廚房依舊是她的舞台。

經歷生命波折的潘奶奶，現在已經是可以享清福了。

第 5 章

從僕役到
烹飪的蛻變

奔波起伏的歷程，面對無可預期的重擊，
以及重重考驗，每一步都可能是意外的轉
折，也是生命中難以忘懷的章節。

忙碌而驚險的廚房記事 //

　　在 1972 年前後，潘奶奶的生活踏入了一個新的篇章，她成為了中山北路三段西服店的全職員工。每天一大早，她就必須到菜市場，負責採買午餐食材。接著，中午煮飯給師傅和所有工作人員吃，最後，進行清潔整理工作，大約下午 4 點左右才能告一段落。每餐大約都要烹煮 2 桌的飯菜，包括男裝師傅跟學徒 1 桌、女裝 1 桌，約 20 來人。當時的西服店是維持著傳統師徒制度，老闆是師傅，有大徒弟、二徒弟、三徒弟，底下又各有學徒，加總起來大概有 30 幾個人。

　　起初，老闆按照固定金額每週支付潘奶奶準備午餐的費用，由老闆娘進行轉交。久而久之，老闆娘因為要打麻將、買東西等娛樂開銷，會從餐費中扣掉一點預算。剛開始扣掉的錢不多，潘奶奶還能應對，可以到對面的晴光市場，買一些比較便宜的食材來做，勉強湊出 2 桌菜。老闆娘看潘奶奶還能撐過去，於是變本加厲，扣掉一半的餐費預算，雖然還能勉強湊出 2 桌菜，但這下菜色就差很多⋯⋯。

　　這樣的情況引起大徒弟不滿，大聲責備潘奶奶：「我看妳人很

對於食材，潘奶奶總是很講究。

老實，但是妳不能這樣，師傅把菜錢給妳，妳卻中飽私囊，讓我們的伙食變這麼差。」情勢一發不可收拾，徒弟們氣到翻桌，潘奶奶從沒見過這樣的狀況，嚇壞了。潘奶奶一邊哭，一邊吐出實情，大徒弟覺得潘奶奶不會說謊，於是立刻就跑去跟老闆（師傅）理論。老闆得知真相之後，火爆脾氣馬上發作，把老闆娘叫來痛罵一頓，才還潘奶奶的清白。幸運的是，太太沒有因此而心生怨念，潘奶奶終於擺脫困境，度過這個差點有理說不清的難關。

與大人物的巧妙相逢 //

　　在潘奶奶忙碌地工作期間，也經歷了一些不可思議的相逢。潘奶奶多次巧遇過蔣宋美齡夫人蒞臨西服店，親自來量衣服和取衣服。每次蔣夫人都會精選用高級絲綢材質，訂做幾件精緻旗袍或香港襯衫。蔣夫人總是很親切地問候店內的每一位工作人員，並稱潘奶奶為「大嫂」，甚至還會拍拍她的肩膀表示鼓勵。

蔥燒鯽魚是一道特別家常的
上海本幫菜。

一開始時，潘奶奶並未意識到蔣夫人的身分，直到師傅私下告訴潘奶奶，她才恍然大悟，原來遇上了大人物。潘奶奶時至今日仍不吝對蔣夫人的讚美，認為她相當有氣質，態度親切和藹，毫無架子可言。

　　由於西服店的老闆是上海人，潘奶奶當時還學會不少上海菜的烹飪技巧，像是烤麩、蔥燒鯽魚、竹筍燒鹹菜、燒百頁、上海菜飯等。有時候，老闆娘會讓潘奶奶在午餐之後煮一些上海菜，送去蔣夫人的官邸。因為潘奶奶住在陽明山，當時都是先把菜品送到官邸，然後再由司機載潘奶奶回家，這些特別的菜餚有時送到士林官邸，有時則運送到陽明山中山大樓旁的行館。在送菜的過程中，官邸或行館的傭人會細心指出蔣夫人的臥室，讓潘奶奶知曉那是夫人的私人區域。

　　然而好景不常，因為西服店的老闆資金週轉不靈，在身心遭受很大的壓力以及打擊下，不久之後，就離世了，使得西服店也就只能歇業了，也讓潘奶奶不得不告別這段難忘的工作生涯。

逆風中迎來的一線轉機 //

　　結束了在西服店的工作後（1976 年），潘奶奶轉而到士林夜市陽明戲院旁的一間食品行當幫傭。這家店主要販售的是餅乾、麵包等，潘奶奶所負責的工作是打掃、洗衣服，以及照顧老闆的四個小孩。由於生意非常忙碌，有時候四個小孩中的老大（女兒）跟老四（兒子）就會跟著潘奶奶回家，晚上留宿在她家中，方便有人照顧。此外，潘奶奶的小女兒也會在課餘時，去幫忙協助店務，可謂一人上班，全家動員。

　　一切看似順利的工作歷程，後來，由於老闆娘的生意需要資金週轉，她自行發起了許多互助會，但因缺口愈來愈大，最終撐不下去，只好倒會，店鋪也無法繼續經營。隨著店鋪的歇業，甚至老闆娘一家人的蹤影也漸漸消失得無影無蹤。潘奶奶這次不只失業的困境，甚至還因為參與了老闆娘的互助會，倒會後，損失一大筆可觀金額，霎時全家愁雲慘霧，不知如何是好。

　　然而，在往後幾年，潘奶奶陸續收到老闆娘寄來的信跟部分款項，並以分期付款的方式還清。老闆一家人後來搬到了桃園，信中表明他們對潘奶奶的歉意，倒會是迫不得已的選擇，他們也

知道潘奶奶賺的是辛苦錢，不想連累潘奶奶，尤其不能欠窮苦人的錢，所以才積極主動地慢慢攤還。雖然這段曲折的經歷一度讓潘奶奶全家生活陷入困境，但也成就了潘奶奶不屈不撓的品格，有機會在逆境中迎來的一線轉機。

潘奶奶隨和，不愛計較的個性，讓她一生交到許多好朋友。

潘奶奶拿手食譜

花生仁湯

典故

　　寒冷的冬天，最想來一碗熱呼呼、熬得濃厚、白色湯汁的花生仁湯。在 1912 年介紹台灣菜的日文食譜《台灣料理之栞》中，就有〈土豆仁湯〉的記載，以花生仁和砂糖為主的質樸作法，從百年前一直延續到現在。源自於福建的甜品小吃，最早常出現於婚慶或生日，粒粒飽滿的花生仁象徵了泉州人渴望圓滿的祝福。

　　但是，煮花生仁湯時最怕久煮不爛，浪費很多瓦斯跟時間。首先，要將去皮花生仁洗淨泡水至少 2 小時，如果直接煮，大概要 2 個小時才能煮出軟爛適中的花生仁，湯汁也才會呈現白色。不過，為了要縮短燉煮的時間，有些人會在花生仁湯裡加小蘇打或鹼粉，潘奶奶秉持著天然的最好的原則，是不會添加這些調味品的，只要在泡完水之後，先將花生仁放冷凍庫一個晚上，就能大大縮短煮花生仁湯的時間，多一個小步驟就能節省好多時間跟金錢唷！

營養價值

　　花生不僅是一種高營養食品，也是一味藥用價值較高的保健良藥。花生的種子、種衣、種殼和花生油等，都可作為藥用。中醫認為，花生有悅脾和胃，潤肺化痰、滋養調氣，清咽止瘧之功效。

　　對於慢性腎炎、腹水、乳汁缺乏等症都有一定療效。花生果的外殼含有木犀草素，具抗氧化、抗腫瘤，抗過敏及抗發炎等生物活性。花生內含對人體有益的不飽和脂肪酸，且蛋白質含量高，可與動物性食品雞蛋、牛奶、肉媲美，是素食者蛋白質來源。此外，花生含白藜蘆醇能有效降低血糖，調節異常的脂質代謝、抗氧化、抗發炎。

　　由於台灣環境溫暖潮濕，花生容易發霉，而產生致癌性極強的黃麴毒素，即便高溫烹煮毒素也不會消失，所以，如果發現花生已經發霉，請儘速丟掉。

⑴ 挑選花生仁略帶點黃色，才是好的花生仁。

⑵ 鹽分可以破壞油和水的介面，讓花生更容易透水、煮得軟爛。

⑶ 花生仁湯可以搭配油條、椪餅、老婆餅等，口感層次更豐富。

　　通常潘奶奶會特別託人當天一早去至誠路的豆漿店買油條。 順帶一提，這一家豆漿店的豆漿有一股焦香味，受到很多人喜歡，連海外的僑胞回國都會特別繞過來吃燒餅、油條配豆漿，然後外帶 10 ～ 20 個燒餅，冷凍帶回僑居地。如果有國外的友人、客戶來訪，很多人也會帶朋友、客戶來這裡品嚐美味。

　　花生仁湯除了配油條吃以外，泡椪餅也是老饕們喜愛的經典吃法。「椪餅」閩南語又稱為「凸餅」，通常會用在神明生日拜拜時的供品。是古早味糕點的一種。相傳是宮廷點心，流傳至民間，發展成不同的餡料與形狀，歷史已超過百年，椪餅以白糖、黑糖作為內餡，香氣十足，所以又稱作「香餅」。

- 去皮花生仁 1 台斤（約 600 克）
- 二砂糖 3 兩（約 112.5 克）
- 油條 6 根

作法

🍲 一般煮法

1. 將花生仁洗淨，泡水約 2 小時。

2. 花生仁倒入鍋中，加入 3 公升的水。

3. 大火煮滾後，轉小火煮 3 個小時（過程中，要每隔 15 分鐘攪拌一下，避免底部沾鍋）。煮沸過程中，水分會蒸發，可以加入蒸發量的熱開水繼續煮。

4. 再加入二砂糖調味（依個人喜好）。

5. 將油條烤熱（可以用小烤箱，烤 3 ～ 5 分鐘，或炒菜鍋小火慢烤 5 分鐘，注意翻動，以免燒焦）。

6. 油條可以直接沾著吃，也可以剪斷之後放到花生仁湯裡吸取湯汁。

鹽水浸泡法

花生去殼，將花生仁洗淨。 在花生仁裡
加入 2 至 3 大匙的鹽巴，加水淹過花生
仁浸泡一晚。 隔天以清水沖洗花生仁，
可多沖幾次，將鹽味去除。

電鍋的煮法

1. 將冷凍過的花生仁加入 5 ～ 6 量米杯水後，直接倒入電鍋內鍋
   中（如果使用帶皮的花生，順帶將花生仁外皮去除）。

2. 將內鍋放入電鍋當中，電鍋外鍋加 3 量米杯水，按下開關開始蒸煮。

3. 開關跳起來後，先悶半小時。之後打開蓋檢查，這時的水分應
   該已全部吸收至花生當中。

4. 接著，進行第二次燉煮，加水至花生鍋內至 8 分滿，電鍋外鍋
   加入 3 量米杯水，按下開關。開關跳起來後，再次悶半小時之
   後，即可食用。

紅燒牛肉湯

典故

由於台灣早期為農業社會，以種植稻米為主，米飯成為主食。為感念牛隻辛勤工作，大多數的人都不吃牛肉。然而，在日治時代，隨著受到高度西化的日本影響，吃牛肉的習慣才慢慢在台灣發展起來。有趣的是，紅燒牛肉湯的起源牽涉到 1949 年國民黨政府撤退來台，一批甘肅回族的穆斯林隨之來台，帶來清燉風味的蘭州牛肉麵，為當地飲食文化注入新元素。同時，美軍的援助也在糧食短缺時期向台灣輸送了大量牛肉罐頭，四川老兵在岡山空軍基地眷村巧妙地將豆瓣醬、八角和花椒等調味料加入燉煮的牛肉湯中，形成了獨特的紅燒牛肉湯。

然而，亦有一種說法認為，紅燒牛肉湯起源於台南。早期，台南流行的是清燉牛肉湯，一些湖南或四川的老兵在當地販賣家鄉風味小吃時，將原本的清燉牛肉湯進行改良，演變成我們熟知的「紅燒牛肉湯」。這樣的歷史轉折，使得紅燒牛肉湯成為台灣豐富多元的美食文化一部分，不僅滋味獨特，也承載著時代的痕跡。

紅燒牛肉切片是冬季暖胃聖品。

營養價值

　　紅燒牛肉湯是冬季暖胃聖品，牛肉不僅含有豐富的肌氨酸，對於增長肌肉、增強力量特別有效，更能補充三磷酸腺苷，使訓練更持久。此外，牛肉並含有足夠維生素 B6 和肉鹼，可幫助增強免疫力、促進蛋白質和脂肪的新陳代謝與合成。牛肉更富含胺基酸、鋅、鐵，鉀、鎂等，能有效加速傷口癒合，維持皮膚組織和毛髮健康，促進人體血液吸收和組成，穩定血糖並提高胰島素合成代謝效率，非常適合不同人的飲食需求。

紅燒牛肉湯中的紅蘿蔔、白蘿蔔也具有相當高的營養價值。紅蘿蔔含有脂溶性維生素 A、E，可抗氧化、保護眼睛；白蘿蔔每100 公克只有 18 大卡，熱量低且具飽足感，想美白、減重者可多吃白蘿蔔。

重點精華

(1) 紅燒牛肉湯是台灣經典的在地美食。

(2) 製作紅燒牛肉湯最常挑選的是牛腩或牛腱。牛腩脂肪量較少，口感絕佳；牛腱口感紮實，帶筋部分相當有嚼勁。

(3) 牛肉稍微帶有腥味，建議先汆燙去雜質和腥味。

材料

- 牛腱 2 ～ 3 條（約 600 克）
- 牛腩 1 台斤（約 600 克）
- 洋蔥 1 個（約 400 克）
- 白蘿蔔 1 根（約 600 克）
- 紅蘿蔔 1 根（約 300 克）
- 薑 1 塊（約 50 克）
- 辣椒 2 根
- 醬油 360 毫升
- 米酒 200 毫升
- 豆瓣醬 3 大匙
  （1 大匙＝15 毫升）
- 味醂 1 大匙
- 滷包 1 包
- 水 2 公升

作法

1. 牛腩以及牛腱先切塊，水中放入 3～5 片薑片，以及 20 毫升米酒。待水滾後，放入牛肉約 1 分鐘汆燙後撈起沖水，把雜質沖洗乾淨。

2. 接著，把洋蔥、白蘿蔔、紅蘿蔔切塊，薑切片，辣椒則不用切。

3. 再起油鍋，將洋蔥及薑炒香。

4. 放入牛肉拌炒。

5. 再加入米酒 180 毫升、豆瓣醬 3 大匙、醬油 360 毫升、味醂 1 大匙、水 2 公升燉煮。

6. 接著，放入白蘿蔔、紅蘿蔔、辣椒以及滷包，以大火煮滾後，轉小火煮 2 小時，即可上桌。

潘奶奶拿手食譜

台式眷村臘肉

典故

　　早期農業社會婦女，會在臘月初八之後開始醃製臘肉，以準備年節的到來，一般來說以湖南、廣式、台式臘肉最為人所熟知，也是年節時不可缺少的年味之一。

　　臘肉的作法很多，除了炒蒜苗之外，還可以炒各式青菜（高麗菜、花椰菜、甜豆）、清蒸，也可以煮臘肉飯，或夾在饅頭、燒餅、刈包中，再搭配蔬菜一起吃。此外，臘肉還可以巧妙地用於臘味蘿蔔糕的製作。臘肉主要由豬五花肉經過醃製、風乾或煙燻製成，湖南臘肉、廣式臘肉和台式臘肉是常見的三種類型：

❶ 湖南臘肉

　　湖南臘肉醃製時不加糖，而是利用高粱酒、香料等先醃入味再煙燻，通常使用甘蔗皮、龍眼殼和花生殼等物燃燒，使香氣充分燻入味。湖南臘肉油脂豐富，口感腴滑，適合與蒜苗、芥菜、青江菜、酸菜等需要吃較多油脂的食材拌炒。

❷ 廣式（港式）臘肉

　　廣式臘肉則是用老抽醬油、高粱酒、糖等先醃再吊起風乾，不採燻的方式，色澤較黑、有醬色，觸感也比湖南臘肉軟得多。因一般家庭較少一次就用完整條臘肉，建議可先分切成每次要用的分量，分裝後再放入冷凍，以利分次取用。

❸ 台式臘肉

　　和廣式的作法差不多，只是使用的台式醬油顏色比老抽醬油較淺，甘甜度較高、鹹度較低，使用的香料也較多。

　　因為煙燻比較麻煩，一般眷村媽媽們做的以風乾作法的廣式、台式臘肉為主。

營養價值

臘肉是許多眷村家庭必備的年節美食。豬五花取自於豬的腹部，是良好的蛋白質來源，有助於身體組織的建立和修復。其中的優質的脂肪是身體所需的能量來源之一。此外，豬肉中含有半胱氨酸，提供血紅素（有機鐵）和促進鐵吸收，能有效改善缺鐵性貧血。但由於臘肉通常經過醃製和調味，其鈉含量可能相對較高。需要注意的是，高鈉攝取可能對血壓和心臟健康造成影響。

有一年過年，潘師母到美國跟小孩過年，為了給小孩們展現跟潘奶奶學的家鄉菜，特地製作了幾條臘肉，就在圍爐享受年夜飯的那個晚上，新鮮出爐的臘肉香氣撲鼻。小孩們一邊吃臘肉加蒜苗，一邊把還晾在一旁竹竿上的臘肉扛在肩膀上玩，此時，小孫女扮演大野狼，躲在桌子底下，戲劇性地模擬大野狼搶食臘肉的場景，好不歡樂。

重點精華

(1) 風乾過程需注意濕度，若連日下雨，最好先放置冷藏等候雨停，避免氣候潮濕發霉。

(2) 不建議烈日下曝曬臘肉，肉質會太硬，也會產生油耗味。

(3) 醃製好的臘肉可以搭配蒜苗拌炒，更加美味。

材料

· 五花肉 6 條 （約 3600 克）
· 調味料：黑胡椒粒（5 大匙）、鹽（半台斤，約 300 克）、米酒（500 毫升）、醬油（300 毫升）
· 麻繩（數條）

作法

1. 五花肉先用米酒淋洗一下，不可以碰水，淋洗後的米酒倒掉。

2. 將胡椒粒和鹽放在炒鍋中炒香且鹽變成黃褐色，之後放涼。

3. 接著，將炒好的黑胡椒鹽均勻地塗抹在豬肉上，且用手仔細將黑胡椒鹽揉進豬肉的每一個地方。

4. 放在乾淨密封箱中，放冰箱冷藏 2 天。（中間 1 天翻動一次）

5. 用米酒將黑胡椒及鹽洗掉。

6. 米酒與醬油混合 1：1，淹蓋過肉的表面，浸泡兩天（中間 1 天要翻動使其均勻沾到醬汁）。

7. 醃好的豬肉用棉繩綁好，吊在有風處兩天。（可以使用電風扇吹，但不要直接曬到太陽）

8. 食用前，可在電鍋放外鍋 1 量米杯水蒸煮。（若臘肉口感較硬，可以再酌量加水蒸）

潘奶奶拿手食譜

上海菜飯

典故

　　據說上海菜飯，是來自以前上海苦力們的伙食，卻意外的發現菜和飯結合的好味道。相傳在江浙民間，一般平民無法負擔大魚大肉或山珍海味的餐點，主婦們為了讓外出辛苦工作的丈夫能夠飽餐一頓，同時補充體力與營養，把前一晚的剩飯與剩菜加了一點豬油拌在一起，成為第二天的上工便當。

　　直到民國初年，上海把平價美食菜飯引進餐廳，就變成現在常見的上海菜飯了。一般的菜飯大多是加入雪裡紅或是青江菜，現在為了提味，增加香氣，會放入香腸、臘肉或香菇，為菜飯添層次與口感。

　　蔣夫人宋美齡御廚所製作的上海菜飯，是以現熬清雞湯煮飯，並加入切細絲的金華火腿，再以慢火煸出鹹鮮油香，最後再加入切碎青江菜，展現爽脆細緻的美味口感。

一年四季都吃得到的青江菜，每 100 克約含有 100 毫克鈣質，非常適合乳糖不耐症或因飲食控制而不能攝取牛奶者的鈣質來源。此外，青江菜也含豐富葉酸與 β- 胡蘿蔔素，能參與細胞內 DNA 合成，並可幫助孕婦活化與發育胎兒的神經系統，也是視力及眼睛保健的重要營養素。

香菇風味獨特，營養價值極高，不僅含有豐富維生素 B 群、鐵、鉀、維生素 D，以及多種人體必需氨基酸，在日本被認為是「植物性食品的頂峰」，是適合日常食用的美味食材。香菇也因為熱量低，膳食纖維含量高，能有效抑制脂肪吸收，降低血脂，與白木耳並稱為防衰老的優良食物。

重點精華

(1) 餐廳的上海菜飯各自有祕訣，煮的、拌的、炒的，均有滋味。
(2) 青江菜快速拌炒，才是維持翠綠的關鍵。
(3) 青江菜亦可換成雪裡紅，風味也很獨特。

材料

· 煮熟的白飯 3 ～ 4 碗

· 青江菜 400 克

· 大蒜 3 ～ 4 顆

· 香菇 6 ～ 8 朵

· 臘肉半條（或臘腸 3 ～ 4 條）

· 米酒約 40 毫升

· 鹽 1 小匙

· 白胡椒粉 少許

· 香油 數滴

作法

1. 前一晚，先將煮熟的白飯放在冰箱冷藏室中，讓米飯變乾。

2. 將青江菜洗乾淨、瀝乾。梗的部分切丁，葉子的部分切成約半
   吋長，備用。

3. 香菇泡軟後切絲，大蒜切末，備用。

4. 臘肉或臘腸，加入 1/4 量米杯米酒蒸熟，放涼後切片。

5. 起油鍋，加入大蒜爆香，再把青江菜梗炒到變色，接著放入白飯
   拌炒，然後加入菜葉，等菜葉顏色變深之後，將鹽、白胡椒粉、
   香油加入調味。

6. 最後，再加入切片的臘肉、臘腸，拌炒均勻即可盛盤。

蔥燒鯽魚

典故

　　每到江浙餐館用餐，總是能發現蔥燒鯽魚這道小菜，是道極富盛名的江浙佳餚。主要因為鯽魚是當地最為普及且價格最實惠的魚種，不僅肉質鮮嫩，滿腹魚卵，透過細心烹調，更是酥軟香潤。

　　蔥燒鯽魚屬於繁複耗時的功夫菜，雖然主要材料只用鯽魚和小蔥兩種簡單的食材，是上海家家戶戶基本都會做的菜色，也稱之「蔥燴鯽魚」，講究的是「燴」（以小火燜透），這樣香味才釋放得更加完全。雖然這種魚體積較小，骨頭細，刺又多且緊密，但經驗豐富的廚師若能掌握其中竅門，蔥燒鯽魚的骨頭皆能夠酥軟可食，魚刺更在口中瞬間溶化。

營養價值

　　肉質細緻的鯽魚，在 8 到 10 月前後最爲肥美。鯽魚不但含有豐富的優質蛋白，脂肪也主要是不飽和脂肪酸，更具有磷、鈣、鐵、維生素 A、維生素 B 等多種礦物質，具有調節血脂、防動脈粥樣硬化、抗癌等作用。傳統中醫認爲，長期處於比較脾虛和濕氣過重的人，可以利用鯽魚來調補身體。

　　珠蔥，也稱爲小蔥、靑蔥，是一種常用的調味食材，富有維生素、礦物質、膳食纖維和抗氧化物質，有助於提升免疫系統，促進皮膚組織健康，預防便祕，維持血糖和減緩細胞老化等功能。

重點精華

(1) 鯽魚屬淡水魚,魚鱗較細小,烹煮前一定要清理乾淨才不會影響口感。

(2) 蔥燒鯽魚,又稱「蔥烤鯽魚」,上海話中的烤,其實是指寧波語系的「火靠」,意指「油炸、燒煮」。

(3) 鯽魚分很多品種,俗稱的「肉鯽仔」是「刺鯧」,蔥燒鯽魚所使用的是「白鯽魚」。

材料

· 鯽魚 6 尾(約 1200 克)
· 珠蔥 2 把(切成 10 公分左右)
· 沙拉油 200 毫升
· 冰糖 15 克
· 醬油 70 毫升
· 米酒 50 毫升
· 水 200 毫升
· 辣椒 適量

一開始，潘師母上網訂購「肉鯽魚」，發現它並不是上海人吃的鯽魚。後來，潘奶奶特別到士林陽明戲院附近的大菜市場，找到賣活魚的魚販，終於看到正確的鯽魚。潘奶奶找到正確的鯽魚時，剛好 30 尾被其他太太買走，潘奶奶特別情商那位太太割愛 6 尾，才得以買到。

作法

1. 把鯽魚洗乾淨並擦乾。

2. 在鍋中倒入 200 毫升的油，待油熱後，可以使用筷子進行簡單的熱度測試。當筷子的尖端開始冒泡泡時，這表示油已經達到適當的溫度。

3. 將鯽魚慢慢放入鍋中，每一面煎約 2 分鐘，再翻面煎，重複翻面 3 次，炸到兩面金黃酥脆，再把魚夾出來，放置一旁。用原來的油炸珠蔥，等珠蔥軟化後，把多餘的油倒出來，只留下約 20 毫升的油。

4. 再把魚放入鍋中，加入冰糖、醬油、米酒、水（喜歡吃辣的人，可以加入辣椒），中火煮滾之後，轉小火慢慢將汁收乾。

Tip　鯽魚多刺又細，食用時，請另外用一個小碟子單獨裝，避免魚刺跟其他餐點混在一起，不小心誤食，哽到喉嚨。

素烤麩

典故

　　烤麩，上海的傳統小吃，同時是年夜飯中最常見的冷菜之一，展現了上海人在過年時對菜色的講究。菜名需要有趣而有寓意，烤麩暗含著「靠夫」的含義，象徵著家中的男丁在新的一年能夠取得更高的成就。以往上海家庭在大年夜時，習慣燒製一大盤烤麩，放在碗廚中，每當有賓客造訪時，就取出一些，一直可以品味到正月十五。素烤麩之所以能夠保存得這麼久，除了受氣候因素的影響外，更主要是因為糖的防腐作用，也是江浙菜偏甜的主因。

　　烤麩的製作以生麵筋為原料，經過保溫、發酵、高溫蒸製等過程，形成多孔的結構，質地鬆軟卻帶有彈性。其中最經典的江浙作法就是「四喜烤麩」，以冬菇、金針菇、冬筍、木耳為主要配料。隨著演變，很多人根據個人口味加入了毛豆，熬煮過的烤麩吸附了濃郁的醬汁，味道更加鮮美香醇。不論是放冷食用，還是煮好即食，都能展現各自獨特的風味。

營養價值

　　以麵筋為主要原料的烤麩富含蛋白質，有助於修復組織以及維持免疫系統正常，其中的礦物質、維生素、膳食纖維也是有助於人體的營養成分。此外，烤麩屬於低脂、零膽固醇的食物，非常適合膽固醇偏高的人群。

同樣屬於低脂、零膽固醇的竹筍，具有豐富膳食纖維，能促進腸胃道蠕動，消解便祕、預防腸癌都有助益，也被稱爲「腸胃道的清道夫」，更具調解體重和降血脂的效果。富含優質的植物性蛋白質、不飽和脂肪酸與卵磷脂的毛豆，不僅能改善血脂肪代謝，更能維持大腦機能，改善記憶力。

重點精華

⑴ 烤麩爲經典上海、江浙寧波傳統冷盤名菜，素食者也非常適合。

⑵ 烤麩內部帶點水分，因此下油鍋時要小心油爆。

⑶ 如果擔心烤麩的豆腥味，可以先放入滾水中汆燙，放涼後再擰乾水分。

材料

- 烤麩 20 個（半包）
- 香菇 10 ～ 12 朵
- 木耳或雲耳 4 兩（約 150 克）
- 竹筍（或袋裝沙拉筍）3 個
- 毛豆半台斤（約 300 克）
- 金針菇適量
- 醬油 100 毫升
- 香油 少許
- 鹽 少許
- 冰糖 1 大匙

作法

1. 將每個烤麩用手掰成 4 份。

2. 再將烤麩用油鍋小火油炸（也可以改用烤箱或氣炸鍋），撈起瀝乾油備用。

3. 香菇切半，過油鍋炸香（也可以與烤麩一起用烤箱或氣炸鍋處理）。

4. 竹筍切片，木耳切塊。

5. 毛豆蒸熟，然後放涼，備用。

6. 在鍋中放入少量油，將竹筍炒香，再加入金針菇和木耳拌炒均勻。

7. 接著將香菇、烤麩和醬油一同加入鍋中。

8. 再加入少許水，水量要能夠蓋過所有食材，然後加入適量的鹽和冰糖調味。

9. 用中火將醬汁收乾，直到只剩下鍋底一點點汁。要注意不要讓食材燒焦，可以一邊拌炒。

10. 加入少量香油，提升風味。

11. 待拌好的菜涼卻後，再加入已經放涼的毛豆，拌勻即可享用。

第叄篇

兒女大學畢業，
培養成材

隨著時代的變遷，風雨兼程的路途中，
家庭背負的希望和努力結出的成果如同盛放的鮮花，
綻放著未來的希望與活力。

潘奶奶和兒子在櫻花樹下相擁合照，溫馨時刻宛如春日。

第 1 章

揭開生命
嶄新的一頁

生活面對無可預期的重擊，以及重重考
驗，每一步都可能是最意外的轉折，也
是生命中難以忘懷的章節。

家庭幫傭的甘苦滋味 //

　　在 1970 年代，全球面臨兩次石油危機，間接影響台灣的經濟衰退。原本，靠外貿支撐經濟成長率的台灣，因為積極採取「擴大公共建設」，結合各項外銷政策，使得台灣不僅渡過石油危機，且平均經濟成長率高速成長，被譽為「台灣經濟奇蹟」。不僅快速工業化之外，國民所得也急速攀升，生活水準更是快速提高，正處於「台灣錢淹腳目」的時期，尤其又以台北市的發展最為顯著。

　　1976 年之後，潘奶奶經過朋友介紹，踏入天母一家賣骨董的林姓人家裡幫傭，林家是上海人。潘奶奶的工作，除了整理家務之外，還要負責烹煮飯菜。所幸，她先前在西服店習得一身好手藝，對於上海料理相當拿手，很快就擄獲林姓僱主全家人的胃。一次過年前，林老太太就跟潘奶奶說：「潘媽媽，我們過年過節有非常多的客人會來拜訪，所以妳過年期間沒辦法休假。」潘奶奶認為替僱主家做事，不應該計較這些，毫不猶豫地回答：「沒問題。」再加上當時成為幫傭的婦女，責任感都很強，對於自我要求和專業能力也很看重，認為幫人工作一定要做到盡善盡美，工作才能長久，也能獲得好口碑。

潘奶奶做事一向相當認眞，
責任心很強。

　　潘奶奶常常告訴子女們：「雖然幫傭工作得很辛苦，但心裡卻
是很充滿感激，且很高興的。」子女們問她爲什麼會感到高興呢？
她坦言：「這裡的收入支持著你們的學費，讓你們能夠獲得良好的
教育。」那時候，富裕家庭的客人都相當體恤潘奶奶，每當逢年
過節時，她只要端茶招呼客人，客人們就會把紅包直接壓在杯子
下面，出手相當闊綽大方。

還記得第一次端茶時，潘奶奶發現茶杯下有一個紅包，她琢磨思索著，「到底該拿，還是不該拿？」等到第一批客人離開，她才急忙地跑去問林老太太說：「老太太、老太太，這個紅包是什麼意思？是包給您的？還是給我的？」林老太太笑說：「這是妳的，拿去吧！」從大年初一到大年初六，潘奶奶就能夠得到一筆不小的年節獎金，這筆意外收入也成了支付孩子們大學學費的來源之一。

家庭與工作的新啟程

進入 1980 年代，台灣充滿自由奔放的能量，工業結構升級轉型，限制住台灣人的禁令都一一被解除，大家迫切渴望著新的改變。台灣政府推「自由化、國際化、制度化」的新經濟政策，以亞洲四小龍站上世界舞台，台灣製造（MIT）在世界市佔率上拔得頭籌，不論是鞋、雨傘、網球拍、腳踏車、玩具等，都是用高效率、中品質、低價的策略搶下「台灣第一」，許多中小企業紛紛崛起。

當時，美國連鎖速食店在台北市民生東路開設第一家門市，第一週便創下單週營業額的世界紀錄，可見台灣經濟繁榮的景

象。不僅如此，教育部更宣布解除髮禁，1987 年，總統宣告台灣地區解除戒嚴，開放黨禁、報禁，我們的民主憲政展開新的篇章，台灣的護國神山「台積電」也是在這個時候正式成立。

與此同時，潘奶奶的家庭也迎來新的變化，大女兒大學畢業後踏上出國求學的征程，而排行老二的兒子，正在台灣大學化學

1980 年代是蔣經國總統（曾任中華民國第六、七兩任總統）的時代。

系擔任助教，準備出國深造。潘奶奶自己則已經轉職到婦產科診所工作了，成為坐月子中心的煮飯阿姨。這個轉變發生於一個寧靜的午後，當潘奶奶的四妹在鄰近的公園散步時，偶然遇見了一位婦產科醫師的太太（葉太太），她急切地尋找附設坐月子中心的煮飯阿姨。四妹聽到這個需求後，立即表示願意幫忙，並承諾在週末帶著潘奶奶前往婦產科診所與葉太太會面。

然而，事情卻出乎意料地急迫。葉太太無法等待週末，迫切需要找到合適的人選，於是急著要求四妹立即帶她去見潘奶奶。葉太太一見到潘奶奶，立刻確信她就是最合適的人選。於是，隔天潘奶奶就踏上了前往葉醫師月子中心的新征程。

這個意外的轉折不僅為潘奶奶的工作生涯帶來了嶄新的方向，也為她的子女們的未來打開了更廣闊的發展道路。在這段新的旅程中，潘奶奶或許會面臨更多的挑戰，但同時也將迎來更多的機遇，讓她的人生繪上更豐富多彩的一筆。

努力堅持的潘奶奶，為子女的發展打開更廣闊的道路。

讓月子中心生意興隆的麻油雞，不僅滋補身體，也撫慰人心。

第 2 章

婦產科廚藝
的奇蹟

潘奶奶以獨特手藝開啟月子餐飄香之
旅，從傳統的麻油雞到遠渡韓國的泡菜
祕笈，她營造出一片獨特的美食韻味，
讓產婦在滋補身體的同時，也品味到生
活的美好。

婦產科診所的新生之光 //

　　1980 年代以後，隨著台灣經濟蓬勃發展，民生消費水準大幅提升，除了製造業蓬勃發展，服務業也迅速崛起，形成經濟多元化的趨勢。這樣的變革不僅改變了產業結構，也深刻影響了人們的生活方式。在過去，產婦的產後生活多仰賴傳統家庭結構，由婆婆或媽媽等女性長輩協助照顧。然而，當代家庭更注重少生、優生的理念，父母願意為小孩提供最優質的照顧，再加上產後需求的多元化，推動了月子中心的興起。因此，月子中心隨之應運而生，以提供更專業、周全的產後照顧為目標。這種新型態的服務模式不僅提供優越的居住環境，更結合了營養師、護理人員等多方面的專業團隊，為產婦提供全方位的支持和照顧。月子中心不僅讓產婦能夠更輕鬆地適應新生活，同時也反映了社會價值觀的轉變和現代醫療體系的進步。

　　葉醫師原來是知名醫院的婦產科主任，他以優越的專業能力和敏銳的洞察力，後來離開醫院自行開拓出一片嶄新的醫療領域，就在民生西路上購入一棟透天大樓，打造多功能婦產科診所，不只看診、接生，還兼做月子中心。潘奶奶在此新型態的醫療環境中，除了煮飯給葉醫師一家人吃以外，還肩負起為前後 100 多位

四妹（左）讓潘奶奶（右）的好手藝在月子中心更加發光。

產婦烹煮養生餐食的神聖使命，這就是所謂的月子餐。這些養生
餐食不僅是營養的組合，更是讓她對新生命的一種祝福，就像在
照顧自己的家人一樣。在她的巧手烹調下，每一道菜都散發著濃
濃的溫馨和關懷，爲每位產婦帶來了無比的舒適和安慰。

愛與辛勞的交織

　　起初，潘奶奶的薪水才僅有 3000 多元，但她的工作卻是一項
艱苦的挑戰。每天不只要獨自採買食材，還要一人準備百人份的
三餐，甚至要照顧葉家的孩子，體力眞的不堪負荷。

有次事件讓潘奶奶感到非常受委屈。葉太太讓她準備十台斤的黃豆芽，還要一一掐去頭尾，作為月子餐的配菜。這是一項龐大的任務，潘奶奶根本無法在一天內完成。許多診所的同仁看到這種情況，紛紛自告奮勇地要幫潘奶奶的忙，認為這樣對她實在太不公平了。潘奶奶氣到隔天直接就拒絕上班了。

　　對於這一情況，葉醫師和葉太太顯然感到非常抱歉。他們了解到潘奶奶的處境後，立刻親自開車到潘奶奶家道歉。他們不僅

苦盡甘來的潘奶奶除了偶爾料理給家人享用外，最喜歡遊山玩水。

表達了誠摯的歉意，還主動提出加薪到 20000 元以上的條件，並誠邀潘奶奶回到月子中心工作。他們感慨地表示：「真的找不到像潘媽媽這麼勤勞的人！」這番話讓潘奶奶感動不已，也為了賺錢供孩子們讀書，才答應回去幫忙。

有了這一次的經歷讓他們僱傭之間的關係更加牢固，也讓葉家人感受到了潘奶奶的價值與重要性。

長期辛苦的工作讓潘奶奶的手指骨頭受損，至今在骨科檢查時，醫生都建議她不要再做家務，以免加重手指變形。這些種種辛勞而在身上留下的痕跡，都是她為了家庭和孩子們所付出的無私奉獻的見證。

開創獨特月子餐滋味

在經濟起飛的年代，潘奶奶將自己的廚藝融入到了月子餐的烹調中，開啟了一段獨特的美食之旅。一次偶然的機會，她與一對老夫妻閒談，他們是在圓環賣麻油雞，生意非常好，因為他們的媳婦剛好在婦產科診所坐月子，就傳授潘奶奶煮麻油雞的祕訣，甚至還包括麻油腰花、豬肝湯等等。老夫婦說，因為潘奶奶

沒有開店做生意，所以願意親自分享美味佳餚的烹飪技巧。潘奶奶也在月子餐中陸續加入了老夫妻分享的食譜料理，她還不只學會煮麻油雞，還陸續學習如何製作手工豆漿、米漿等等，針對不同需求的產婦補充營養跟熱量。這些美味佳餚不僅豐富了產婦的飲食，更為生活增添了濃厚的滋味。

當時，葉醫師體貼太太，擔心她每天在家裡無聊，幫她報名參加「傅培梅烹飪教室」。起初，葉太太興致沖沖地參與課程，在上過一堂課之後，就抱怨說太累了，沒有興趣再繼續上課。但是葉醫師已經繳了那麼多學費，該怎麼辦呢？於是，葉太太提議讓潘奶奶去學習，學成後再為大家烹飪。結果，潘奶奶就成為「傅培梅烹飪教室」的學員，也獲得學習不少料理的新技能。潘奶奶的拿手紅燒牛肉湯，也是在傅培梅的課程中學會的。儘管潘奶奶不吃牛肉，但她卻巧妙地按照傅培梅老師的教學，精心製作出令人難以忘懷的紅燒牛肉湯。至今品嚐過潘奶奶烹製的紅燒牛肉湯的人都不吝讚譽，紛紛表示潘奶奶的手藝不僅勝過各大名店，更是堅持使用真材實料的味覺享受。

此外，由於葉太太是韓國華僑，她的父親在韓國經營泡菜生意，因為生意太好了，需要人手協助。因此，葉太太安排了潘奶

奶前往韓國的泡菜工廠幫忙，這也是潘奶奶第一次離開台灣，踏上了遠赴韓國的旅程。在韓國，潘奶奶不僅學習了正宗韓國泡菜的製作方法，還深入體驗了當地的文化和風土人情。她在泡菜工廠的日子裡，每天都忙碌地參與泡菜的製作工作，學會了選材、調味、醃製等各個步驟，並深刻領悟到泡菜製作的精髓。

三個月的時間匆匆而過，潘奶奶在韓國度過了一段充實而難忘的時光。回到台灣後，潘奶奶將在韓國學到的技術和心得應用到了家庭生活和工作中。她以韓國泡菜的獨特風味為家人和月子中心的產婦準備了一系列美味的餐點，深受大家的喜愛。潘奶奶的料理技能和對料理的熱愛，讓月子餐品質大為提升，成為了人們口耳相傳的佳話。

由於潘奶奶在韓國期間學習到了許多寶貴的經驗，很多人紛紛指名要來葉醫師的婦產科接生和坐月子，生意蓬勃發展。潘奶奶的辛勤付出和對料理的熱情，不僅豐富了自己的人生，也為許多人帶來了健康和幸福。

潘奶奶所製作紅燒牛肉，吃過的人都讚不絕口。

一家人一起做菜，是最溫暖幸福的時光。

第 3 章

美食激發的
人情溫度

在異鄉，潘奶奶透過烹飪將家的溫暖帶
入心中。經由故鄉的滋味，開啟共同品
味幸福的味覺之旅。

跨越語言隔閡的友誼 //

　　大女兒婚後，由於在美國攻讀學位，且之後打拼工作，因此兩個小孩布蘭登（大外孫）和安東尼（小外孫）都是在台灣由潘奶奶帶大的。記得布蘭登一歲半的時候（1988 年），潘奶奶帶著大外孫去美國看父母。這是她人生第一次踏足美國，她面對的不僅是陌生的國度，更是一個完全陌生的語言環境，她不但完全不會說英文，還不知道她哪裡來的勇氣，竟敢自己帶著大外孫前往美國。幸好，她的個性很豁達開朗，經常用肢體語言作為溝通交流的橋樑，儘管有些亞裔人士，但大部分都是講英文，潘奶奶竟然還是可以交到許多的好朋友。

　　在社區散步的日子裡，潘奶奶常常與陌生人進行比手畫腳的溝通，這樣的開朗態度吸引了許多人的注意。有一回，大女兒下班回家後，有一位美國鄰居拿了半個西瓜要送給潘奶奶，大女兒相當驚訝，因為連她也不認識這個人。詢問之下，才知道是潘奶奶在白天時，結交的新朋友。由於潘奶奶在大女兒家的後院種了一些長扁豆，於是她主動送一些去給這位美國鄰居，這樣的友善舉動打開了彼此之間的交流，這位美國鄰居不僅送來了半個西瓜，還贈送了自家種植的番茄，這樣到處都能交友的個性真是令人佩

服之至。潘奶奶天生就有廣結人緣的本事，個性隨和，心地又善良，不論身在何處，她心中總是充滿了真誠和善意，能夠跨越任何障礙，交到一些好朋友。

個性隨和的潘奶奶總是能結交到很多真誠的朋友。

橫越太平洋的餐桌饗宴 //

　　潘奶奶不僅是廚藝精湛，更是社區情感的重要紐帶，她的餐桌成為了一個跨越太平洋的美食盛宴。每到過年過節，潘奶奶都會擺上一桌豐盛的宴席，熱情邀請好友和鄰居來家裡聚餐聊天。社區內的人們對潘奶奶的手藝讚譽有加，甚至還會主動打電話來詢問，潘奶奶何時會再來美國，大家都對潘奶奶的手藝讚不絕口，成為了社區內的一大話題。其中，最受歡迎且令大家記憶深刻，莫過於潘奶奶的招牌麻油雞和豬肝湯，使在異鄉的大家回想起這些家鄉滋味，無不垂涎三尺。其他像是酸辣湯、炒油飯、肉羹湯、蔥油餅、滷豬腳、自灌香腸、炒米粉和餛飩湯等一系列美食，都讓身在海外的華人朋友們彷彿置身於台北夜市一樣，快樂無比，至今仍時常在交談中提起。

　　潘奶奶的手藝不僅限於鹹食，她還擅長製作各種甜點，其中最拿手的豆沙粽子，好吃程度遠遠超越各大名店。兒子曾將這些美味轉贈趙少康先生，他也讚不絕口，主要是粽子內的紅豆沙餡製作繁複，全部真材實料，甜度恰到好處，100% 手工製。長期住美國的瑪莉（大女兒），曾經因為嘴饞，在美國紐約的中國城或是法拉盛買過很多不同的豆沙粽，都是來自響噹噹的粽子名店，店

潘奶奶的豆沙甜粽，甜而不膩，每一口都咬得到實在的餡料。

外頭擠滿了購買的人潮，可惜都沒有潘奶奶包的紅豆沙粽子好吃。另外，像是台灣常吃的桂圓甜米糕，更是廣受大家喜愛，經常有朋友提前預訂，滿懷期待地帶回整鍋的幸福滋味。潘奶奶的餐桌就像是一艘穿越時空的美食之船，將遠在太平洋彼岸的人們帶回了故鄉的美好回憶，讓他們在遠離家鄉的日子裡，仍能感受到家的溫暖和幸福的味道。

一桌美味的料理，維繫著家人緊密的情感。

第 4 章

用料理串連
家庭與社區
的情誼

每一道料理都像是一段記憶旅程，描繪著家庭的溫暖和無私的奉獻。跨越世代，穿越海洋，讓人們感受到關懷與思念，凝聚成緊密而溫馨的情感。

用愛支撐的生活冒險 //

在潘奶奶的生活中，照顧內外孫是日常，跨越太平洋的往返成為了家常便飯。由於兩位小外孫年紀差 6 歲，都是由潘奶奶長期協助照顧他們，因此她必須不斷往返於美國和台灣之間。後來，由於兒子也前往美國攻讀學位，加上有了內孫，她也一樣必須帶著小孩坐飛機探訪家人。以一個台灣阿嬤，不識字也不懂英文，敢這樣來回奔波，是需要多大的勇氣和耐力，若非有一顆關愛家人的那份熱忱，是絕對辦不到的。

大女兒開始在美國上班後，為了感激並回饋母親，在她待在美國期間，也會利用假日帶她四處旅遊，開拓視野，像是洛杉磯的環球影城、舊金山中國城、拉斯維加斯的賭城、尼加拉瓜大瀑布、紐約州、康乃狄克州、賓州費城、白宮、各地博物館、加拿大等地，幾乎踏遍北美洲的每個角落。一個不認識字的本土台灣阿嬤，曾經去過的地方，比起許多的留學生，都要不惶多讓。

現在這兩個小外孫已經成家立業，一個是醫生，一個是會計師，他們最常心心念念的就是潘奶奶所製作的這些菜餚，彷彿在味蕾中找回了家的溫暖。雖然他們長住在美國，依然渴望著那些

熟悉的味道，還曾經請教潘奶奶怎麼包餛飩，和怎麼做出一碗好吃的餛飩麵。雖然生活在世界的另一端，但對潘奶奶的美味仍懷有濃厚的思念。記得，安東尼小時候在美國紐澤西州的中文學校演講，他選擇的題目就是〈我的奶奶〉，可見用這些菜餚不僅團結了一個家庭，讓三代有了共通的語言，也深深地刻印在小孩子們的記憶中，成為家族中不可或缺的一部分。

每一次的旅行都是潘奶奶生命中
豐富的一部分。

對家無私的奉獻 ⁄⁄

　　潘奶奶的愛是最無私、最純淨、最偉大的，她總是盡力滿足子女的任何需求，對待孫子女更是以愛烏及屋的態度全心全意的付出，總是扮演著救火隊的角色，隨時準備著爲家人解決一切難題。她曾經在照顧小外孫（安東尼）的同時，還在家裡勤勞地做點手工藝品貼補家中開銷。更讓人感動的是，在大外孫女遍尋保

只要想到要爲家人製作
料理，潘奶奶的幸福就
會寫在臉上。

母的青黃不接時期，潘奶奶更是毅然決然地堅持讓女兒把大外孫女送回娘家一起照顧。即便在這樣的三重壓力下，潘奶奶硬是撐著，同時做著手工，照顧著兩個剛滿一歲的小奶娃，直到外孫女找到保母為止。潘奶奶這份疼愛子孫的心與那份情實在令兒孫們深深地珍惜感恩及佩服。

即便是孫子們開始上學，潘奶奶家依舊是大家最溫暖的據點。當孩子們白天都在忙於工作，孫子放學後便會湧向潘奶奶的家中，有次還同時擁有五位活潑的孫子孫女。他們為潘奶奶的家帶來了歡笑和生機，也讓下午的氣氛瞬間點綴得更加熱鬧。潘奶奶從不會要求孫子們一定要有優秀的成績，只在乎他們是否有吃飽穿暖，毫不吝嗇地投入愛和關懷，用心照顧每一位子孫，給予他們溫暖的擁抱和無盡的關愛。這些珍貴的時刻，成為了家族中最美好的回憶，也凝聚著世代之間的愛與情感。

以大愛溫暖社區

每個家庭都有專屬的味蕾記憶，也是串起世代緊密結合的橋樑，更是傳承家庭文化和心靈寄託的重要元素。潘奶奶和姐妹們雖然在各自成家立業後，每個人有了自己的生活，卻能經常保持

緊密聯繫，彼此關心，共同製作美味佳餚，至今感情依舊很好。她們從小一起經歷過生活的艱辛，這份深厚的情感連結在她們的心中留下了永恆的痕跡，也讓潘奶奶知道愛的力量可以支撐過許多的難關。潘奶奶不僅將愛分享給家人，還積極參與社區服務，希望將溫暖傳遞給更多的人。

　　被稱為家中的交際達人，潘奶奶的活力與隨和，贏得了街坊鄰居的一致認可。她總是充滿陽光的笑容，忙碌之餘仍帶著積極開朗的態度，這讓她在社區中建立了廣泛的人脈關係。大多數的街坊鄰居都認識潘奶奶，無論她走到哪裡，總能找到可以聊天的對象。兒子常笑說，每次走在街上，就會有街坊鄰居告訴他，潘奶奶的動向，就像是一位社區明星一樣。

潘奶奶常常參與社區旅遊團。

可以看到豐富真材實料的蘿蔔糕，是潘奶奶的料理祕訣。

　　在兒子的鼓勵下，潘奶奶經常參加社交活動，與社區的長者們分享著美食和快樂。在疫情前，潘奶奶除了經常到關懷站服務外，還常常與朋友們外出遊玩。她的孫子們笑稱，潘奶奶去過的地方比他們還要多。潘奶奶和四妹經常一起擔任老人日托關懷據點的志工，參加各種課程和活動，或是製作美味的料理並教授他人，例如咖哩餃子、五穀雜糧粽、蘿蔔糕、芋頭丸子、酒釀蛋等。有時，她也會跟隨里長舉辦的旅行團，到處探索新奇有趣的地方。或許，這也是 91 歲的潘奶奶至今仍相當健朗的抗老劑，其養生

之道的關鍵是「保持活動力」。

　　潘奶奶與四妹一週大約 2～3 天會到日托關懷據點擔任膳食組的志工，分享自己的料理技巧，以及準備一些美味佳餚給據點的長輩享用。擁有豐富料理經驗的潘奶奶總是不吝嗇分享自己的料理技巧，也樂於教導其他的志工如何做菜，甚至會依照不同長輩的健康需求，調整食譜（如少糖低鹽），製作出符合他們需求的餐點。有時，她從兒子口中得知一些健康飲食的訊息，也會熱情地分享給日托關懷站的學員，希望能讓他們受益。潘奶奶的樂於助人精神，無私的付出，讓她深受社區中的長者和志工們的喜愛與尊重。她性格隨和、慈祥可愛，總是以開放的心態面對生活，勇於接受並學習新事物，願意分享自己的經驗。這種無私奉獻的精神不僅贏得了大家的喜愛，更讓她獲得了日托關懷據點的榮譽志工感謝狀。

　　她的開放心態和樂於助人的態度，為社區樹立了良好的典範，成為許多人的榜樣。她用愛與溫暖照亮了身邊的每個人，傳遞著愛與溫暖的力量，為社區注入了一股正能量。

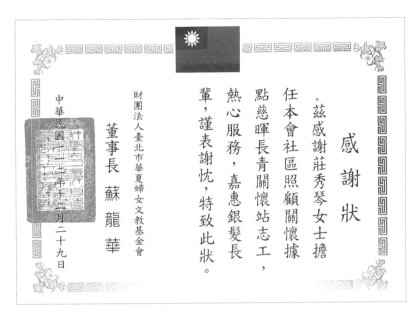

潘奶奶獲得榮譽志工的感謝狀。

麻油雞

典故

　　麻油雞，最早見載於唐朝的《食療本草》，其古老的飲食療法被描述為「取雞一隻，洗淨，與黑麻油二升熬香，放油酒中浸一宿，飲之，令新產婦肥白。」

　　相傳在五胡亂華時期，羌人攻入中原，將其獨特的麻油生羊烹飪方式引入，使用麻油和辛香料浸泡羊肉七七四十九天後，再倒入滾熱的麻油中燉煮羊骨，據說連百里之外皆能聞到其香氣。隨著時光推移，漢人由於不習慣羊肉的濃厚味道，轉而以雞肉替代，演變成今日熱門的麻油雞。如今，在台灣，麻油雞成為了月子期間的經典食物，老祖宗更提倡在產後這段時間進行良好的食補，對婦女的身體健康有著相當大的益處。

　　麻油雞的製作需要慢火燉煮，通常以原味呈現，不添加鹽巴。這種烹飪方式突顯了食材自身的風味和營養，尤其適合在天冷時補充體力。

營養價值

以現代營養學的觀點，麻油雞可以促進子宮收縮，雞肉中的支鏈胺基酸（BCAA）也能夠幫助生產後婦女回補體力。此外，雞肉中維生素 A、維生素 B 群、鈣、磷、鐵等等人體必要的營養素也能夠幫助維持正常的生理機能。

由黑芝麻壓榨製成的黑麻油，富含芝麻素、芝麻木酚、維生素 E、植物固醇等多種天然的抗氧化物，能夠清除自由基、減緩氧化對於細胞的傷害。黑麻油中的多元不飽和脂肪酸和單元不飽和脂肪酸，是對身體有益的油脂，能調降低密度膽固醇（LDL，俗稱壞膽固醇），對身體相當有益。

薑不僅是提供風味，更是常用的香辛調味料。薑中的薑醇類能有效抑制血小板的凝集和抗發炎，且薑萃取物可以減輕關節疼痛。更經臨床研究證實，薑有止嘔的功效，對減少產婦胃口不佳，有絕佳幫助。

重點精華

⑴ 麻油雞不只適合坐月子，立冬進補也是一道養生開胃的聖品。

⑵ 加入米酒時，記得先關火，再開火，避免高溫時酒氣使鍋邊著火。

⑶ 麻油雞不能加鹽調味，以免味道變苦。

材料

- 雞大腿肉 2 隻（約900克，切大塊）
- 薑片 100 克
- 米酒 500 毫升
- 水 500 毫升
- 黑麻油 100 毫升
- 高麗菜、凍豆腐、米血糕（依個人喜好，適量）

作法

1. 熱鍋子，開中小火，鍋中加入黑麻油燒熱後加入薑片（避免高溫麻油會變苦）。
2. 將薑加熱到邊緣微微捲起，煸乾。
3. 加入洗好的雞肉，炒至雞肉變白即可。
4. 燒一壺水煮滾，備用。
5. 加入米酒，等米酒大滾後，再加入滾水，煮熟即可（避免雞肉煮太久、太老）。

Tip　可以依個人喜好加入適量高麗菜、凍豆腐、米血糕。

炒米粉

典故

　　台語稱爲「米粉炒」，是老一輩爲了飲食方便而創造的傳統美食。當客人來訪時，傳統的洗米、煮飯過程太過繁複，而米粉的蒸熟曬乾特性使其煮起來非常便利，並且更容易攜帶。現今，炒米粉常見於台灣的各種場合，包括節慶、喜宴、廟會、祭祀、餐會和家庭聚餐。新竹地區被譽爲台灣最知名的米粉產地，其質地細緻，煮湯或乾炒都能保持爽口的彈性，並散發出白米的香氣，深受喜愛。

　　據史料記載，米粉起源於五胡亂華時期，漢人南遷至以稻米爲主食的地區，仍保留了麵食習慣，遂將米磨成粉，製成米團後再壓製成麵條，形成了米粉的雛形。後來發展出不同粗細的款式，曬乾後方便長期保存，演變成今日的米粉。

　　相傳泉州人結婚後會送炒米粉給夫家，一家人共食，泉州話稱爲「吃米粉，相吞忍」，寓意夫妻相處要相互寬容。在台灣，有句諺語「泉州人賣米粉」，雖然與夫妻相處無關，但意指「沒你的份」，因發音類似泉州話的「沒你份」。

營養價值

　　炒米粉通常配料豐富，會搭配上紅蘿蔔絲、高麗菜絲、肉絲、油蔥、香菇末等食材，營養價值很高，可以作為主食能量來源。米粉一般由在來米製成，根據米含量的不同，100% 由米製成且蛋白質含量 5% 以上的產品才可以標示為「純米粉」。米粉和白飯均屬於碳水化合物，主要提供能量和飽足感，容易消化、不易脹氣且含有蛋白質。豬肉絲為蛋白質的來源，能有助促進體內細胞的修補和更新，維持皮膚、頭髮、指甲等的健康。

　　此外，炒米粉中加入多種蔬菜，含豐富的膳食纖維，有助促進腸道蠕動，預防便祕，同時亦可增加飽足感。高麗菜更具維他命 C，具有抗氧化功效，有助增強身體的免疫力。

重點精華

(1) 炒米粉淋上肉燥更是美味加分。
(2) 米粉要先汆燙後瀝乾備用，才能夠維持恰到好處的口感。
(3) 吃剩的米粉如果乾掉，只要用蒸鍋加熱，就能回復鬆軟的口感。

材料

· 米粉 1 包（約 350 克）
· 油蔥酥 2 大匙
· 乾香菇 15 小朵
· 紅蘿蔔 半根（約 150 克）
· 豬肉絲 300 克
· 洋蔥 半顆（約 200 克）
· 高麗菜 ⅓ 顆（約 400 克）

· 芹菜 5 根
· 香菜約 1 碗
· 鹽 ½ 小匙
· 白胡椒粉 少許
· 烏醋 15 毫升
· 醬油 35 毫升

作法

1. 乾香菇先用熱水泡軟，切絲（將浸泡香菇的水留著，稍後使用）；
   接著，將高麗菜切成適口大小，洋蔥切絲，芹菜切末，豬肉切
   絲並用少許醬油及烏醋醃一下。

2. 煮一鍋滾水將米粉汆燙約 3 分鐘，再將米粉撈起，加入約 1 大
   匙沙拉油，拌一下以免黏成一團。

3. 熱油鍋，依序加入油蔥酥、香菇、洋蔥。拌炒洋蔥軟化後，依
   序加入紅蘿蔔、豬肉炒約 2 分鐘，再倒入烏醋、醬油及香菇水。

4. 接著，將米粉倒入鍋中，雙手各拿一隻筷子把米粉攪拌開，讓
   米粉能均勻吸附醬汁。再加入高麗菜、芹菜末，用鍋鏟翻炒至
   熟。最後，加入鹽、白胡椒粉，再拌炒一下，就可以盛盤，點
   綴上香菜。

四神湯

典故

　　「四神湯」原名「四臣湯」，相傳乾隆下江南時，同行的四位大臣，日夜操勞全都累倒。　乾隆下令重賞尋覓良醫妙方後，有位高人開出「淮山、蓮子、芡實、茯苓」燉煮豬肚，四人服用後隨即康復。　乾隆龍心大悅，於是昭告天下「四臣，事成！」。

　　傳統的四神湯原有山藥（淮山）、蓮子、芡實與茯苓。有些人爲成本考量，減少藥味，會使用薏仁取代茯苓，也可能拿掉山藥。食材部分，除了常見的豬小腸、豬肚外，也有以豬瘦肉來搭配，可健脾固胃、增加體力。不過小吃的四神湯爲了減少藥味或添加美味，加入的材料往往差異很大，像是可以加一點排骨，就能使湯頭更香、更濃郁。

營養價值

　　每年立冬，約在 11 月 6～8 日之間。立，始也，表示冬季自此開始。立冬是二十四節氣之一，也是傳統的進補時節。立冬時首重食補，可以補充元氣，以抵擋寒冷的冬天。中醫強調依據不同體質來進補，否則不但沒有用，有時反而加重病情。一些身體本來就比較健康的人，體質不虛不燥，只要平補就好，也就是以性屬平和、不溫不涼的藥材與食材來補。平補藥膳因為性質適中，因此就連虛寒與燥熱體質的人都可以吃。四神湯就是一帖老少咸宜平補的藥膳。

四神湯含有豐富蛋白質、維生素和礦物質，它還有健脾開胃、調肝固腎、袪濕清熱、補中益氣、寧心安神的功效。四神湯有豐富的澱粉，能補充人體所需營養與能量，因此能取代白飯，具有調節血糖的效果，但若是糖尿病患者或要控醣者，有吃四神湯時，飯量就要減半。

重點精華

(1)「四神」可以改善消化不良，固腎補肺，增強免疫力，是食療佳品。

(2) 夏天濕氣重，平日可以多吃四神湯來袪除濕氣。

(3) 如果想要烹煮素食版，可以使用玉米、白菜、杏鮑菇等取代豬肚和排骨。

材料

· 四神：茯苓 20 克、芡實 20 克、蓮子 40 克、山藥 20 克（或薏仁 40 克）、當歸 2 片

· 豬肚 半個（或小腸 1 台斤，約 600 克）

· 排骨（腖心排） 半台斤（約 300 克）

· 米酒 半量米杯（約 100 毫升）

· 白胡椒粉 適量

· 鹽 適量

作法

1. 鍋中放水，燒開，將排骨汆燙約 3 分鐘，撈起沖水。

2. 將當歸泡在半杯米酒中，備用。

3. 將四神沖水洗淨 2 ～ 3 次。

4. 取 10 人份的電鍋內鍋大小的鍋子，鍋中放入排骨、豬肚（或小腸）、四神、泡過米酒的當歸、水（蓋過食材，大約 8 分滿）。

5. 放入電鍋中，外鍋放 2 量米杯水，開始烹煮。

6. 電鍋跳起後，再悶 5 分鐘。

7. 加入米酒（泡當歸的酒）、鹽、白胡椒粉，調味。

> **Tip** **豬肚、小腸處理方式**
>
> 先將豬肚、小腸翻面、經過反覆的清洗，以水、麵粉、鹽和米酒充分按摩揉搓，再次用清水沖洗，最後汆燙去腥味。接著，將豬肚切成四大片，每片豬肚都要經過仔細的切割，使其捲曲部分平放在砧板上以便切割，每片豬肚都斜切成片，讓其表面積更大，呈現出美觀的形狀，同時也帶來口感上的豐富層次。至於小腸，則被切成約 2 英吋（約 6 公分）的長度。

潘奶奶拿手食譜

豬肝湯

典故

　　早期台灣，豬肝可視為珍貴食材，以兩計價，價格比豬肉貴上很多，曾經賣到一台斤 240 元，以當時的物價而言，可說是相當昂貴。尤其豬肝富含鐵質，被認為是補血聖品，大部分只有病人住院開刀或婦女做月子才會買來吃，所以常見有人帶豬肝湯去醫院探視病人。

　　直到 1980 年代，經媒體報導，台灣豬養殖使用抗生素，豬肝又是排毒器官，恐有抗生素殘留的疑慮，引起民眾擔憂，再加上國人健康意識抬頭，豬肝膽固醇含量高，因此很多人不太敢食用豬肝，而導致豬肝價格逐漸下滑，甚至比豬肉還低。

　　2010 年之後，台灣許多養豬業者推崇優質飼料及環境飼養的健康豬，也不施打任何抗生素，多項研究也指出，食物中的膽固醇對健康人血液的膽固醇濃度並沒有顯著影響，才逐漸開始比較多人不害怕食用豬肝。

豬肝具有極高的營養價值，除了含豐富鐵質，能有效改善缺鐵性貧血之外，也具備維生素 A、維生素 B2、維生素 B12，更富含蛋白質，每 100 公克豬肝就有 20 公克左右的蛋白質，且還低熱量（每 100 公克約 120 ～ 130 卡左右），跟雞胸肉差不多，是減脂增肌的首選食物。但建議還是要適量攝取，才不會造成身體負擔。

挑選豬肝時，盡量選擇色澤暗紅色、外表無斑點，摸起來水分飽滿，有彈性的豬肝，才會比較新鮮。此外，含有豐富維生素的薑，也屬於高膳食纖維、高鉀的食物，多吃能有效防感冒，更具調節血糖、抗發炎、預防血管阻塞等功效。

重點精華

(1) 豬肝中鐵質豐富，是補血食品中最常用的食物。
(2) 豬肝需多洗幾次，才將血水盡量洗淨，不會有腥味。
(3) 保持豬肝粉嫩的祕訣，在於「燙」。

材料

- 豬肝 300 克
- 嫩薑絲 30 克
- 米酒 10 毫升
- 鹽 1 小匙
- 香油 3 ～ 5 毫升
- 水 600 毫升
- 蔥 少許

作法

1. 豬肝用水清洗搓乾淨，再用流動的水沖洗幾分鐘。

2. 將豬肝切片，大約 1 ～ 1.2 公分厚，泡在水中，放冰箱 1 天。
   冷藏期間記得清洗，換水 2 ～ 3 次，去除腥味。

3. 烹調時，先將嫩薑絲切好備用。

4. 水煮到大滾之後，放 5 ～ 10 毫升的米酒、薑絲，再加入適量
   的鹽，先將湯的鹹淡調整好。

5. 保持大火，倒入切好的豬肝，用湯勺翻攪一下，讓豬肝均勻受
   熱。大約燙 20 ～ 30 秒就關火。

6. 再依個人喜好加香油和蔥段，增加香氣。

銀耳蓮子湯

典故

　　有人說銀耳是「山中的精靈」，也號稱「平民的燕窩」。雖然銀耳蓮子湯的具體典故並不明確，但銀耳和蓮子自古以來都具有養生保健，養顏美容的效果。在古代，銀耳被視爲一種高級的食材，常被皇室貴族用來保養健康和美容。相傳有位宮女，因爲長得不美麗而被判刑。她的妹妹決心爲姐姐平反。她聽說有一種名爲銀耳的食材對皮膚有極佳的護理效果，於是她每天不辭辛勞地去山裡採集銀耳，用來製作湯品。由於每天都飲用這種湯，結果皮膚變得透白而美麗。

　　當時的皇帝聽說了這個故事，感到非常驚訝。他不僅赦免了宮女的罪，還讓她的妹妹成爲了宮中的美容師。這個傳說象徵著銀耳對皮膚的美容功效，流傳至今，人們仍然喜歡以銀耳製作食品，認爲與清熱潤燥、養心安神的蓮子一起食用，能具備養顏美容，清補養生的效用。

銀耳又稱白木耳，含有豐富水溶性纖維（膳食纖維）可促進腸胃蠕動，預防便祕，且可以吸收體內水分，增加飽足感，更能減緩血糖上升，多醣體可提升免疫力。根據食品藥物管理署數據顯示，每 100 公克的銀耳就含有 94 公克水分、5.1 公克的膳食纖維，以及豐富的礦物質和維生素。以中醫的角度來看，銀耳具有生津潤肺和滋陰補陽的效果，且其中的多醣體能促進淋巴球的增生以及血小板細胞的活性，也具有增強巨噬細胞的吞噬能力，與刺激 B 淋巴細胞的轉換，能有效提高免疫能力。

另外，蓮子屬於秋天養生食材，有助於降心火，同時健脾止瀉。蓮子含有豐富的蛋白質、生物鹼、鉀離子、礦物質，能有效修復蛋白質受損，使大腦鎮靜，改善失眠，調節血管動脈壁，降低高血壓，保護腦神經和維持骨骼強壯等功效。

⑴ 銀耳的膠質至少要熬煮 90 ～ 120 分鐘才會釋出。

⑵ 汆燙銀耳可以去除腥味。

⑶ 蓮子的芯一定要記得去除，才不會帶苦味。

材料

- 銀耳（白木耳）乾的 30 克、
  濕的 300 克
- 蓮子（乾的）1 碗約 100 克
- 紅棗 10 ～ 12 顆
- 枸杞 1 小把（約 30 克）
- 冰糖 90 克
- 水 2000 毫升

作法

1. 新鮮白木耳去掉蒂頭，沖洗後用手撕或剪成適口大小（如果是
   乾的白木耳，洗乾淨，先泡水 1 小時再處理）。
2. 蓮子、紅棗、枸杞洗好，備用。
3. 將白木耳放鍋中，加 2000 毫升的水，電鍋外鍋放 2 量米杯水，
   跳起後，外鍋再放 2 量米杯水，跳起後再悶 10 分鐘。
4. 接著加入蓮子、紅棗、枸杞，電鍋外鍋再加 1 量米杯水。跳起
   後，加入冰糖，攪拌均勻，即可食用（冰涼後更好吃）。

潘奶奶拿手食譜

豆沙甜粽

典故

　　粽子是端午節的應景食物，傳統以白米為主（也有小米、芋頭、玉米、高粱等穀物磨成粉），用葉子包裹，內含豐富配料如豆沙、臘腸、鹹鴨蛋、花生、栗子、玉米、冬菇、蝦米、豬肉等，水煮或蒸熟。在台灣大部分多為鹹味，只有少數地方會販售甜味的湖州豆沙粽，外觀上的特徵是形狀比較長。

　　最早見於西晉時期的三吳地區，用菇茭白葉包黍米成牛角狀，稱「角黍」。西晉周處《風土記》寫道：「仲夏端午，烹鶩角黍。」《齊民要術》卷九引《風土記》記述粽子「蓋取陰陽尚相裹未分散之時像也」。雖民間有屈原投江與粽子的相關傳說，真實來源尚無確定。

　　在台灣，粽子不僅僅只在端午節出現，七月普度、九月重陽也有綁粽的習俗。現今，考生甚至在重要考試前準備包子、粽子等供品到廟宇祭拜，取諧音「包粽」（包中），期望金榜題名。

營養價值

　　以紅豆沙爲主的糯米粽，因爲紅豆含有蛋白質，有助於身體組織的建造和修復，糯米和紅豆都是碳水化合物的良好來源，除了有飽足感，紅豆更具膳食纖維、維生素、礦物質等，有助於促進腸道健康、預防便祕。此外，紅豆亦含有抗氧化物質，有助於對抗自由基，減緩細胞老化的過程。

豆沙甜粽是許多人喜愛的甜點，潘老師和潘師母也不例外。這款粽子以蒸煮而成，糯米軟爛、豆沙綿密，散發微甜口感，令人一口接一口難以抵擋。每當潘師母有減重念頭時，常打算切一半保存，但誘人的美味總是讓她難以抗拒，往往一下子就將整個粽子吃完。

南門市場擁有眾多知名的豆沙粽品牌，如立家、南園、合興、億長御坊等老字號。今年端午節，由於新冠疫情結束不久，未及準備材料自行製作粽子，潘奶奶特地為了祭拜潘爺爺而前往南門市場購買他喜愛的豆沙甜粽。由於市場改建，攤位暫移至杭州南路的「南門中繼市場」，幸好潘奶奶和潘師母在捷運中正紀念堂站（亦可在古亭站搭乘）搭乘免費接駁車，省去了停車的困擾，也避免了找不到市場位置的問題。免費接駁車假日每 10 分鐘一班，相當方便搭乘。

重點精華

(1) 豆沙甜粽好吃祕訣在於多次「過篩」和「拌炒」工序。

(2) 豬油是豆沙甜粽的重要靈魂，可以增加香氣。

(3) 拌炒豆沙不能停，且要注意火候，才能避免豆沙糊掉。

材料

❶ 粽子材料

· 圓糯米 3 台斤（約 1800 克）

· 粽葉 60 片

· 棉線 30 條

❷ 紅豆沙

· 紅豆 1 台斤（也可以換成黃豆，約 600 克）

· 二砂糖 12 兩（約 450 克；喜歡甜一點的，
  可以加 600 克二砂糖）

· 豬油或沙拉油 1 量米杯

· 細目濾網

· 棉布袋（約 15 公分 ×20 公分）

Tip 豆沙放冷凍定型後，能避免糯米粒在包裹
擠進軟軟的豆沙餡中，而影響口感。

作法

❶ 糯米和粽葉

1. 糯米洗乾淨後，浸泡水 4 小時，將水瀝乾。

2. 粽葉洗好、晾乾或擦乾（1 台斤米大約可以包 10 顆粽子，按比例 1 顆粽子 2 片葉子），3 台斤米大約可以包 30 顆，大約要 60 片粽葉。

❷ 豆沙粽

3. 先將紅豆洗乾淨，並泡水 2 小時。接著，放入電鍋中，內鍋水滿過紅豆，再多 2 格刻度，外鍋放 2 量米杯水，重複煮 3 次，將紅豆煮軟。

4. 每次取出約 1 ～ 2 勺的紅豆，放在細的過濾網中，下方放一個乾淨容器，再將水龍頭的水開細流（比筷子還細），同時用一根湯匙攪動、壓碎紅豆，將豆沙洗落到容器中。最後，倒掉濾網中的豆殼，將容器中的豆沙倒入棉布袋中，擠乾。（這個過程又稱「洗豆沙」，主要是把紅豆的外皮跟豆泥分開，讓口感能夠細緻綿密。）

5. 將處理好的豆沙放入鍋中，加 1 量米杯油和 12 兩糖，以中火順時針炒散。再加 1 量米杯的油，炒到冒泡，變暗紅色。

6. 每次取 2 小匙量的豆沙，將豆沙做成一長條（似大拇指形狀）分開擺放，確保彼此不相互黏附，再放冷凍庫隔夜，確保結凍完全。

7. 每次取兩片粽葉，將它們重疊的 ⅓ 處折成漏斗形狀。1 個粽子約放 3 小匙的米。首先，放 1.5 小匙的米，鋪平，接著放紅豆餡，然後再於上面鋪上 1.5 茶匙的米。最後，將粽葉較長的一邊蓋上，多出的部分折彎，包成一個粽子，取棉線繞 5 ～ 6 圈，打結固定。

8. 取一個大鍋，將綁好的粽子放入鍋中，水要淹過全部粽子，以大火煮滾，然後小火煮 4 小時以上，中途要加水，即可完成。

粽子包法

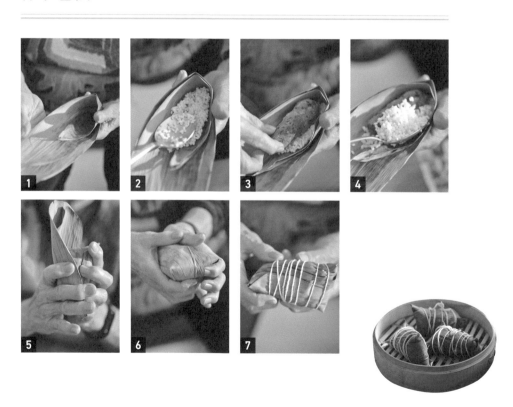

四代同堂，
安享晚年

以一桌家鄉味，牽起一家緊密的情誼，
即便世代交替，依舊如同一棵枝葉繁盛的樹，
在風雨中茁壯成長，在土地上深深紮根。

家人凝聚的力量，如同一把溫暖火炬，在黑暗中照亮前行的路。

第1章

代代相傳孝道
與家族情感

孝道與情感連結一直是家庭最為重要的元素。潘奶奶的無私奉獻，不僅串起了代代相傳的愛與凝聚力，更穩固地奠定家庭根基。

尋根盡孝，結束遠距家庭 //

在台灣經濟蓬勃發展的 90 年代初，社會風氣瞬息萬變，家庭間的代溝問題也漸趨明顯。然而，在潘奶奶的家中，卻彷彿時光靜止，溫馨和諧的場景一直延續著。1991 年，兒子為了照顧父母，毅然辭去美國大藥廠的工作，返回台灣，投身於國立大學的教學工作。這舉動不僅是對父母的承擔，更是家族情感的堅定宣言。

之後，潘奶奶的兒子和二女兒都忙於台灣的工作，無暇顧及家中的孩子，於是也和已經在美國定居的大女兒一樣，拜託潘奶奶代為照顧孩子。因此，潘奶奶和潘爺爺承擔起照顧孫子女的責任，成為家中的中流砥柱。內外孫共 7 人，無一不是潘奶奶和潘爺爺幫忙帶大的，潘爺爺就曾經說過，對待孫子女不分內外，一視同仁，所以不管是內孫外孫，都一律叫爺爺奶奶。

大內孫回憶起童年時光，仍然記得許多溫馨的往事。那時候，潘奶奶還住在陽明山國小旁 15 坪的宿舍內，潘爺爺已經退休，潘奶奶不僅要負責分擔全家的家務外，也要準備兩老跟一群孩子的伙食。因為沒有自用車，所以必須坐公車從陽明山到士林採買家中所需。孫子們上小學後，為了方便上下學，就和爸媽住在學校

附近。許多夜晚，爸媽工作需要晚歸時，潘奶奶也會不辭辛勞地從陽明山坐公車下來，幫忙照顧孫子，無怨無悔。

潘奶奶跟孫子間的情感，完全沒有距離。

由於他們長時間與爺爺奶奶相處，這些小孫子的做人做事觀念、家庭觀念，以及初略的世界觀，大多都是爺爺奶奶用心灌溉的結晶，例如：要勤儉節約、孝順爸媽，因為爸媽辛苦賺錢供他們讀書等，以至於現在每一位家庭成員的感情都相當融洽緊密。

家庭照顧的得力助手 //

後來，潘爺爺年事已高，失智狀況日漸嚴重，不得已入住陽明醫院養護中心照料。儘管，潘奶奶還有資格續住宿舍，但她卻選擇歸還宿舍，自己搬到陽明山腳下的芝山岩。如此一來，她可以就近幫忙照顧孫子，成為他們溫暖的後盾。而孫子們小學下課後，潘奶奶就會在巷口等孫子們的校車到達，接到他們之後，先到奶奶家吃晚飯和寫功課，直到爸媽下班回來，才會把他們接回家睡覺。也或許潘奶奶受到兒時貧困的經歷影響，她最擔心的事就是讓這些可愛的孫子們餓到或吃不飽，所以家中總是有吃不完的美食。對於料理食材的挑選堅持，也總是選擇品質最好的，買到漂亮有新鮮的食材時，還會不斷地跟家人分享今天的「戰利品」，她主要就是希望用簡單的料理方式，讓食材本身的營養和美味發揮到最大，對家人健康也有所把關。

家中料理的食材,都是潘奶奶精
挑細選的優質材料。

　　雖然潘奶奶已經上了些年紀,在照顧孫子之餘,甚至還精力
充沛地跑到大兒子家去幫忙做家務,打掃環境。面對許多人都聞
之色變的蟑螂,潘奶奶還能若無其事地一邊跟小內孫講著「驚啥!
(台語:怕什麼)」,同時處變不驚地徒「腳」殺蟑,可說是當時
家中的內務頂梁柱與守護者。

家族傳統與現代觀念的碰撞 //

　　雖然孫子們對於爺爺的記憶已經隨著歲月的流逝而變得模糊，但卻清楚記得潘奶奶時常讚美潘爺爺是個好人，「爺爺對我真好！（台語）」，心中懷著無盡的愛。潘爺爺在陽明醫院過世後，潘奶奶依照她個人了解的習俗，執行了很多喪禮的儀式。頌完經的最後一天，她帶了很多爺爺的舊衣服和舊東西到焚化爐前，希望爺爺往生後在另外一個世界仍然能豐衣足食，過得安樂。然而，小內孫可能是受西方科學教育的影響，對這些習俗不以為然，與潘奶奶大吵了一架，認為這樣做會污染地球，對環境造成傷害。他堅決反對焚燒爺爺的皮鞋和皮帶，甚至要求爸爸站在他這邊幫忙阻止。他認為儘管爺爺已經離開，但是我們依然要對未來的地球居民負責，要保持空氣清淨。

　　年少無知的爭執，如今變為成年後的深深反思。長大後，小內孫回想起這段往事，才深刻體會到當初奶奶的舉動也許是她唯一能對爺爺表示感恩和愛意的方式。當時，他的行為顯得有些過於極端，現在回想起，不禁感到一股自責和感傷，且意識到有些事情真的需要長大後才能理解。至今，每逢過年祭祖的時候，潘奶奶依然堅持家族的傳統，會準備一桌子豐盛的年菜來祭拜祖先，

像是發糕，八寶飯，白斬雞等等，家人們都遵循奶奶的意思。這些豐盛美味的佳餚，總是讓孫子們看了都垂涎欲滴。孫子們每次等不及香燒完，就迫不急待想要去偷吃，但潘奶奶總是一絲不苟地監督，堅持讓大家等到祖先吃完才能動手。或許，這份傳統觀念凝聚了家族的情感，成爲了家族不可分割的一部分。

對於一些的傳統習俗，家人都會給予支持與尊重，也成爲世代間維繫情感的重要元素。

與家人共享料理是情感交融，與家人共同製作料理是一種傳承。

第 2 章

以美食滋養
家的情誼

每一道美食都是一段溫暖的回憶,每
一次共享的料理都是一場情感的交
融。潘奶奶以她的愛心和廚藝,散播
著家的溫暖與美味,用料理陪伴著後
輩的成長。

散播「家」的健康美味 //

　　潘奶奶小時候家境清貧，養成了省吃儉用的習慣，平時不願多花一分錢在非必要的事物上，甚至在美國生病，因為治療而產生昂貴醫療費用，都覺得為家人增加負擔，內心很過意不去。然而，她卻一點也不吝嗇花費金錢和時間，替孫子們準備上學的健康午餐便當。一大清早起床後，她會親自到市場挑選食材，接著洗菜做飯，每份便當都至少兩菜一肉，確保營養均衡。孫子們帶著這些美味便當去上學，早上就開始飢腸轆轆，卻必須等到中午才能吃，相當辛苦。每到午餐時段，一打開便當盒，香味四溢，同學都超級羨慕。儘管當時家裡生活不是很富裕，但至少每餐都提供充足的營養，這讓兩個孫子在學校都是長得高高、壯壯的。

　　孫子們就讀國中時，潘奶奶為他們準備的便當更是成為了同學間的熱門話題。因為攜帶的便當香味太過誘人，常常有同學來爭相詢問是否可以交換午餐，甚至因為便當好吃，千拜託萬拜託想要跟潘奶奶訂便當。小內孫還很有生意頭腦，想要幫忙賺錢，向潘奶奶提出訂便當的建議，她竟然以極低的價格一口答應，每份 50 元，幫多位同學準備午餐便當，如炒飯、炒米粉、炸排骨、滷肉等，讓孫子們在學校人緣極佳，同學也都吃得讚不絕口。

令人垂涎三尺的炒米粉也常出現在午餐便當中。

愛的足跡，用美食陪伴成長

　　孫子們上了高中之後，潘奶奶依然不忘幫他們準備午餐，甚至連早餐也開始多樣化。她會到清晨菜市場，購買那攤最好吃的肉包子，或自己親手做蛋餅給孫子們享用，讓孫子們在起床的第一口就感受到溫暖的味道。潘奶奶牌蛋餅，那獨特的口感讓孫子們到現在成家立業後，仍然覺得比很多早餐店的好吃。蛋餅裡會混入許多蔥花，香氣四溢，用料一點都不手軟，外觀上看起來雖

然很普通，但是蛋餅的軟硬適中，超級好吃，總是令人一口接一口，每一口都彷彿是在品味著奶奶的愛與用心，成為孫子們在學業壓力下的一絲慰藉和甜蜜。現在小內孫定居美國，娶了一位韓國太太，經常在家試做潘奶奶牌蛋餅，許多年過去了，仍然做不出那種令人無限回味的蛋餅。

在孫子們就讀高中的日子裡，雖然學校有提供午餐，但價格稍嫌昂貴，且菜色不一定理想，所以決定放棄訂購學校午餐。當時，孫子們其實很羨慕別人能享用學校的午餐，特別是餐廳供應

潘奶奶所製作的料理，用料總是不會馬虎。

的是披薩或義大利麵更是如此。雖然同班同學們老是抱怨學校餐點難以下嚥，但每次他們吃不完或不想吃時，小內孫都會詢問同學能不能分享或交換一些。某次，有位同學覺得學校提供的餐點，已經吃到想要吐，卻反過來懇求小內孫能不能讓他訂潘奶奶的便當。於是，小內孫又開始做起生意，販賣潘奶奶牌便當給同學享用，因為都是要準備孫子的午餐便當，一次多做一些也還不算太有負擔，而且潘奶奶很樂意幫孫子做公關，協助孫子的小事業。結果，小內孫賺了許多零用錢。回想起來，潘奶奶牌便當不僅經濟美味又健康外，還幫小內孫開啟了人生的第一筆生意，真的是讓人懷念且感到幸福。

美食就是幸福所在，「吃」即是福

　　台灣老一輩人受到貧困生長環境的影響，認為「呷飽（台語：吃飽）」很重要，常常都會叫小孩一直吃一直吃，吃愈多愈好，說「能吃就是福」，甚至現在只要有人到家裡作客，好客的潘奶奶都會跟客人說「甲卡濟欸！（台語：吃多一點）」。當時，小內孫太聽話，被奶奶的溫情呵護下，一直吃到體重都破 100 公斤，連爸媽都嚇到了。他們還帶小內孫去看醫生，醫生要他控制飲食，結果小內孫聲淚俱下地跑去找奶奶哭訴，「爸媽都不讓我吃飯，

現在潘奶奶所製作的料
理,都會符合少油低糖
低鹽的健康原則。

我快要餓死了!」,潘奶奶一聽,瞬間火冒三丈,發一個超大的
脾氣,把所有人都罵了一遍,「誰敢再囉嗦,就跟你們拚老命,
大家試試看。」於是,小內孫就躲在奶奶身後,破涕為笑,一碗
接著一碗,大吃起來。

幸好高中時，小內孫為了追女朋友，開始嚴格控制飲食，希望能夠瘦身，一直叮嚀潘奶奶料理時要清淡一點。雖然她總是口頭答應「好～好～」，但卻會在料理時偷偷地加入一小匙豬油，提點香氣。小內孫藉著開始自行控制飲食，再加上多運動，終於成功減重，身高也達到了 185 公分。能長得高又壯，打籃球很有優勢，這真的要謝謝潘奶奶在孫子們小時候，讓他們營養充足。

家鄉美食的濃郁幸福味 //

潘奶奶烹飪的料理很多樣化，且清楚記得家人們各自喜歡的菜餚，並會依照每位不同喜好做出令人垂涎欲滴的佳餚。至今，每週潘奶奶家都會有家庭聚會，她也會根據來訪者的喜好製作他們心儀的料理，甚至，只要參加家庭聚會的成員都會跟潘奶奶點菜，她會盡心滿足大家的味蕾。儘管她自己都吃很少，就只是看孫子們吃就開心了，像是紅燒牛肉麵、炒鹹湯圓、糖醋魚、仙草湯、蘿蔔湯、還有古早味滷肉飯，每道菜餚都承載著濃濃的家鄉情懷。特別是那古早味滷肉飯，是小孫子們的最愛，有時候會加入竹筍，梅乾菜一起燉滷，尤其是用鴨蛋去做的滷蛋，超級好吃。當時，只要每次煮古早味滷肉飯，十歲不到的孫子們每人都能吃三大碗，肚量非常驚人。潘奶奶笑稱這道古早味的滷肉飯，是因

為年輕時在餐廳工作，廚師覺得潘奶奶切菜切得特別漂亮，請她到廚房幫忙，她在一旁看著廚師做滷肉飯，看著看著就學起來，可見潘奶奶多有料理天分。

此外，潘奶奶的好手藝還曾受電視台邀約分享料理技巧，她總是會約姐妹們七早八早就來家裡討論菜色，鏗鏗鏘鏘地準備料理，有時還會吵架拌嘴，對於料理手法和使用材料有一定的要求。有次要準備製作的三色麵疙瘩，她也秉持完全不使用任何添加物或調色劑，堅持使用蔬菜打成汁染色，可見對於營養食材的堅持。

對於孫子們而言，潘奶奶的家常美食猶如一道心靈的寄託。至今，孫子們如果有機會從美國回台灣探親，最渴望品嚐的不是哪一間餐廳，而是潘奶奶親手烹煮的家鄉美食。大家無不懷念潘奶奶獨特的料理，這是在美國絕對找不到的美味。每次在吃飯時，她都是先等大家吃完才動筷，並在聚會期間喜歡坐在一旁聆聽大家的談話，彷彿這就是她的微小幸福；用餐完畢，她又會主動幫忙收拾，每次聚會都會給大家帶來滿滿的幸福感。

肥瘦比例適中的古早味滷肉飯，總是能讓人一碗接著一碗。

每張餐桌都有著與家人難能可貴的回憶。

第 3 章

溫馨歡樂的
家常回憶

餐桌上是美食盛宴的所在，餐桌下
是幸福時光交織的場景。一段段生
活的微小片段凝聚成家人間最美好
的回憶。

餐桌下的歡樂時光 //

　　潘奶奶平時晚上唯一的娛樂就是看電視。每晚，當電視機的光芒照亮客廳，孫子們便聚集在潘奶奶身旁，共同享受片刻的寧靜和歡笑。雖然外國片有字幕，但潘奶奶不識字，她也只能猜測影片大概的內容。這時，大內孫便貼心地擔任起解說員的角色，每天共同觀賞影片的微小片段也成為他們之間寶貴且美好的回憶。從本土的包青天、八點檔系列，豬哥亮的歌廳秀，到蝙蝠俠、007 等西洋大片，他們無一不欣賞，一邊看著電視，一邊聊天，或解釋分析著劇中人物。久而久之，孫子們的台語也練得相當厲害，同學們都忍不住驚嘆！

　　更有趣的是，即使奶奶不識字，卻對連續劇與西洋電影情有獨鍾。或許你會覺得奇怪，那連中文字都看不懂了，她怎麼看得懂西洋電影呢？事實上，即便看不懂文字，潘奶奶卻能透過人物的表情和肢體語言猜測情節發展，相當準確。這跟她為什麼連字都看不懂還能自己飛到美國一樣，她對於人的表情跟肢體語言有相當準確的見解。 雖然有時候孫子們會跟她解釋一下劇情，但潘奶奶對於人性和肢體語言有敏銳的洞察力，且能毫不意外地在劇情發展之前指認出好壞角色：「啊！這是壞人，那個是好人。」，

個性相當可愛的潘奶奶總是能夠與時俱進。

說也奇怪，這直覺幾乎準到不行，連很複雜的電影，還沒暴露出哪個角色最後會變成壞人之前，她就已經知道了！

如今，在美國擔任執業獸醫師的大內孫已經 30 幾歲，即使時空隔絕，大內孫仍然對爺爺奶奶滿懷感激與思念之情。只要有機會回台北，他依然會陪潘奶奶一起看電影，延續著那份深厚的親情，心中也互相許諾，期許下輩子依然能成為如此親密的祖孫。

潘奶奶的生活趣事 ✎

　　個性相當隨和開朗的潘奶奶，與後輩相處就像是朋友一樣，沒有遙不可及的距離感，孫子們不僅常常喜歡跟她相處，也喜歡時不時捉弄她。例如，當時潘奶奶到美國去探望外孫女時，完全不懂英文。外孫女們想要教她一些生活基礎單字，結果卻都是完全不相干的用語。潘奶奶居然一眼看穿孫女們的惡作劇，樂呵呵地對她們說：「恁麥嘎我騙，我攏知。（台語：你們不要騙我，我都知道）」甚至有時候，孫女們在超市也會故意抓住推車，讓潘奶奶推不動。她還會跟女兒抱怨說美國的推車不好推，引得孫女們哄堂大笑。這些充滿趣味的生活小事，成了家人們共同的歡樂回憶。

潘奶奶至今 91 歲視力依舊很好，還是能自己穿針引線，縫補衣服。

孫子們在高中時期，流行牛仔褲要有刷紋和破洞。潘奶奶對時尚潮流毫無概念，哪裡知道這是流行款式，更不知道要買這條破洞褲子還不便宜。她以為孫子們像他們小時候一樣節省，褲子穿破洞了還在穿，而且父母親也不管，於是她就拿起針線和不對色調的布，把各個破洞都補起來了！小內孫回家看到之後，差點昏倒，好氣又好笑！

　　潘奶奶因為年事漸高，看電視的時候時常會打瞌睡。有一次，孫子們和奶奶一起看電影。從開始到結束，大家都沒有離開過座椅。但是電影一開始後，潘奶奶就開始打瞌睡，整部電影過程中都沒有醒來，直到電影結束之後，片尾曲開始播放，潘奶奶才突然坐起來說「吼，揪吼看！揪吼看！（台語：很好看！很好看！）」孫子們笑彎了腰，問潘奶奶說：「您從頭到尾都在睡覺，怎麼會知道好不好看？」潘奶奶才大夢初醒似的，傻傻一直笑，大概夢境中有電影吧！

　　另外一次，潘奶奶從新聞上得知，生蔥如果沒有洗乾淨，可能會引發重症住院。但是因為潘奶奶國語比較不好，沒有看懂新聞，就說生的青蔥要少吃，因為「嘿伍吸吸蟲！（台語：那有吸吸蟲）」我們所有人都不知道甚麼是吸吸蟲，搞了半天是 A 型肝

炎病毒感染。在那之後，我們時不時也會拿出來當成好笑的故事來回味。

和樂愉快的家庭氛圍 //

　　潘奶奶身體一直很健朗，她的穩健步伐充滿活力。大內孫媳婦剛剛嫁過來時，怕奶奶年長上公車有困難，想要上前攙扶，但當時已 80 歲的奶奶說：「毋免啦，阮矮賽！（台語：不用啦，我可以！）」說完後馬上健步如飛，一步就蹬上公車，還立馬找到座位坐下，讓孫媳婦驚訝不已。此外，還記得潘奶奶第一次開始使用手機時，由於她對手機的使用不熟悉，步驟時常記不住，讓孫子們擔心是否有失智症的問題，結果有一次對話中，大內孫試探性的利用一些問題測試她的記憶，結果馬上被她察覺，還被她反過來臭罵了一頓，責備我們以為她已經老番顛（台語：老糊塗）。

　　如今，小內孫娶了一位韓裔美籍的太太，她不懂中文。潘奶奶每次見到她的時候，總是試圖先以國語溝通：「妳中文聽得懂嗎？」孫媳婦總會笑笑地搖頭，潘奶奶便會轉換成台語：「恁甘聽有？（台語：妳聽得懂嗎？）」或是，利用美食和笑容作為溝通的橋樑，在餐桌上不斷地催促她：「卡緊吃！（台語：快吃）」這

樣的對話就成爲了兩人之間的溝通方式，也顯示潘奶奶開朗豁達的個性。不論家庭成員如何擴展，很多溝通不一定可以用言語表達，但不變的情感與愛總是藏在食物中，藉著豐盛佳餚，傳遞滿滿的關懷。

潘奶奶無私的愛，將大家凝聚在一起。

與家人一起用餐，不只是吃飯，更是聯繫情感的神祕配方。

第 4 章

專屬於「家」的幸福味

家的珍貴回憶與情感凝聚力，猶如美食中的祕密配方，縈繞在每一道菜餚間。以愛與堅持的烹飪藝術，溫暖家人的心靈，編織著一幅幸福的家族圖景。

燒一桌好料理，諸多益處 //

潘奶奶從 77 歲聽力開始退化，兒子注意到每次與她交談時，她都聽不清楚，或是家人來訪按門鈴，她也常常沒有察覺到，結果讓大家都被鎖在門外一陣子。甚至，有時與國外家人視訊通話，潘奶奶與家人的對話總是牛頭不對馬嘴，導致於最後大家變成都在各說各話。為此，兒子便安排潘奶奶去做聽力測驗，做完聽力測驗後，發現她的聽力確實需要以助聽器來輔助改善。他選擇市佔率第一的瑞士品牌助聽器（聽說郝伯伯也是用這一款）。初始的助聽器是換電池的，在使用 4 年多時候，其中一邊的助聽器，在一次外出時不慎遺失，因此補了一個全新的。後來使用到了第 8 年，另一耳助聽器故障，考慮到已經使用了 8 年，且有新一代充電式電池的產品問世，於是決定換成充電式的助聽器。

助聽器在使用的過程，要注意多項問題，例如：台灣環境太潮濕，每天需要把助聽器放到特製的除濕機器中除濕，如果濕度太高，助聽器的零件容易生鏽，引發故障。而每一次維修價格，少則 4000 ～ 5000 元，多則上萬，真的是所費不貲。此外，助聽器的清潔也很重要，必須每天使用刷子輕輕地刷掉耳垢，以免造成阻塞影響聽覺。助聽器一定要買高品質的（單耳就要十幾萬），

家人們都很愛和潘奶
奶學習製作料理。

才不會有雜音或是其他問題，老年人才不會排斥配戴。現在的科
技進步，可以調整特定聲頻，不需要全頻率都放大變成噪音，老
年人會特別不喜歡。

　　由於助聽器的價格昂貴，就召開家庭會議請大家認捐，因為
平常每位家庭成員都是「吃人嘴軟」，所以非常迅速地募集所需款
項。可見「烹飪」的好處多多，現階段大女兒、二女兒和兒媳婦，

都搶著學煮菜，想必是看到有利的未來趨勢。潘奶奶不會寫字，因此所有的料理方法與技巧都是記在她的腦海，透過口頭傳承或是其他人一邊學習烹飪時，一邊記錄下來。小內孫在國外時，偶爾會懷念台灣的美食，如炒米粉、炸醬麵、陽春麵等，便會按照潘奶奶的料理方式重新製作家鄉風味。然而，製作出來的料理總是與潘奶奶做的不盡相同，味道也稍有差異，小內孫不清楚是哪一個步驟或食材影響了口感。也許，愛的投入正是潘奶奶靈魂料理的無可替代之處。

每週的幸福美味時光

　　隨著孫子女們的長大成人，有些離家到外地求學或工作，時間上的配合也開始變得有點困難。然而，他們分外珍惜這種全家人在一起「吃」的溫馨時刻。因此，大家就約定在每個禮拜五為全家家庭日，凡是剛好在台北的成員都會努力安排時間回到潘奶奶的家中聚餐，不管有什麼樣的事情，大家都會盡力排開也要共享潘奶奶精心烹調的豐盛美食。過年過節，潘奶奶也會端出厲害的手路菜，如海參燴蹄筋、烏魚子、滷蹄膀、米酒燴鮮蝦、糖醋魚等。此時，餐桌不再只是用餐的地方，更是凝聚家庭情感的幸福樞紐，而勞苦功高的潘奶奶總是會露出滿足開心的笑容，看到

這一家子老老少少熱熱鬧鬧。對她來說，這才是她最想要的歡樂美好時刻。

　　而週五當天是潘奶奶一週之內最忙，也是最開心的一天。早在幾天前，她就會開始籌備食材。過去，潘奶奶家中原本擁有三大冰箱存放各式食材，直到兒子和媳婦的勸阻下，才將冰箱數量縮減至兩台。當天早上起床後，她首先將要烹調的魚或肉從冷凍庫拿出來解凍，然後挑選 2 ～ 3 樣青菜和準備煮湯的食材。一邊忙著做菜，一邊做累了就休息片刻。若突然發現缺少什麼配菜，她就會趕緊到附近的市場補買，就這樣進進出出，或坐、或站、或休息，直到完成準備工作。到了下午5點左右，該做的主食、主菜、湯品、甜點，都已大致完成，只剩下最後的炒青菜。待年輕人陸續抵達，他們便一同完成最後的炒青菜任務，然後大夥就可以開飯了。

炸芋頭丸子是家人很喜愛的甜點之一。

家族美食傳承之路 //

　　潘奶奶常常說她沒有唸過什麼書，不認識字，但她的生活歷練、待人處事，包含去幫傭或學做菜，都是用心在做，認真對待每一個人、事、物。她的堅持和努力就是最好的榜樣。而媽媽用「愛」烹煮的菜，雖然不一定是用最奢華昂貴的食材，也不一定有多高難度的烹飪技巧，但就是世界上最與眾不同，無法取代的家鄉味。一直到現在 91 歲的高齡，潘奶奶仍然親力親為，還是堅持著每星期一次的家庭日，不同的是多了孫媳婦、孫女婿、曾孫女。我們感覺到她的內心是喜悅的、是開心的，而做子女的看到高齡的媽媽還能夠健康地親手下廚，內心是感謝，更是感恩！

潘奶奶美味料理的祕訣，就是用「愛」烹煮。

　　在烹飪的藝術和家族凝聚力的重任上，潘奶奶成為了家族的領頭人。而這份重

責大任，潘奶奶也慢慢移交給潘師母，每當她在準備餐點的時候，潘師母就會在一旁學習跟記錄，並且製作成標準操作程序（SOP），傳到家人群組分享給大家。潘師母也會試著練習烹煮相同的料理，然後有機會到美國探望孩子時，就把所學的菜色複製出來，試著做出奶奶的味道。雖然味道可能不盡相同，但也模仿得八九分像。逢年過節，潘師母會自己準備一餐，除了能回味潘奶奶的美味，還能凝聚家族向心力，再拍照分享給潘奶奶看，她都特別欣慰，覺得有人能傳承她的手藝，能像「桶箍（台語：將木桶的木片箍住的鐵線圈或竹篾環）」一樣，把全家人「箍（台語：圈）」在一起，她就可以放心了。

潘奶奶所料理的佳餚不僅能喚起每一階段不同的珍貴回憶，更是家族情感的凝聚力，就像每個家庭專屬的家鄉味一樣。她的堅持、努力和愛心，將永遠在家人心中留下深深的烙印。這份家族的烹飪傳承不僅是口味的延續，更是情感的牽絆，讓家人們在共享美食的同時，也共同品味著家庭的溫馨和幸福。

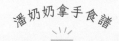

潘奶奶拿手食譜

海參燴蹄筋

典故

　　鮑、翅、肚、參是中國四大海味。在過去物資不豐富的時候，只有富貴人家才吃得上；又或是逢年過節，才在宴席年菜中露臉。海參貴為四大海味之一，在南北各家的菜系中，尤其以魯菜「蔥爆海參」最為知名，廣東菜處理海參通常以燜、煮等為主，配以高湯、上湯煮成的湯羹或清炒小菜烹調的方式，也有用海參加排骨、冬菇以小砂鍋烹煮的方式。即使日常湯麵也可以加入食用。

　　至於台菜中最常見的烹調方式為海參燴蹄筋，這道菜因為色彩豐富，加上食材中的海參以及蹄筋肉質細嫩，又富有彈性，非常適合牙口不好的老年人，也能為年節的大魚大肉帶來幾許平衡。因此，成為相當受歡迎的年菜之一，也逐漸走入平常家庭的家常菜。

營養價值

　　海參的營養成分高，脂肪含量低，蛋白質含量高，膽固醇幾乎為零，傳統習慣上把海參視為滋補食品。適合有高血壓、冠心病、肝炎的患者及老年人食用。人類食用海參的記載，最早追溯到三國時代，直到明朝朱元璋特別喜歡吃海參，人們才開始認識海參的食用和營養價值。為了給朝廷進貢，解決活海參難以保存的問題，於是開始了加「草木灰」的乾海參（加工後曬乾）作法。

　　豬蹄筋是連接關節的腱子，用人工抽出後乾製而成。富含蛋白質、脂肪、動物性膠質和鈣、磷、鐵及多種維生素。雖然膽固醇含量偏高（每 100 克含有 79 毫克），可以少放一點。市售有新鮮以及冷凍的蹄筋，每條長約 20 公分，富有膠質口感極佳。

重點精華

(1) 海參分為乾貨泡發、冷凍鮮海參，泡發方法：洗淨、泡→煮→泡，每天 5 次。

(2) 可搭配不同蔬菜、海鮮、鵪鶉蛋或肉類，可勾芡，變化多。

(3) 年菜、家常菜皆適合。

材料

- 海參 4 隻（已泡發約 600 克、未泡發約 60 克）
- 豬腳筋（已泡發）半台斤（約 300 克）
- 配菜：紅蘿蔔半根（約 150 克）、竹筍 1 根（約 200 克）、香菇 6 朵
- 太白粉 1 大匙
- 高湯約 150 毫升
- 調味料：蠔油 3 大匙、黑醋 1 小匙、冰糖 1 小匙、米酒 3 大匙、白胡椒粉少許、香油少許
- 辛香料：辣椒 2 根（去籽切半）、蔥 1 根（切段）、薑 3～4 片、大蒜 2～3 顆（切片）、香菜 1～2 株（切段）

作法

1. 海參洗淨切斜段。
2. 蔥洗淨切段，薑洗淨切片，備用。
3. 紅蘿蔔、竹筍切片，香菇切半。
4. 將太白粉跟 2 大匙水調製成太白粉水備用。
5. 將蹄筋汆燙後泡冷水去腥，與高湯一起以小火煮約 20 分鐘至蹄筋軟爛。
6. 起油鍋，放入 1 大匙油燒熱，爆香蔥、薑、大蒜。
7. 放入海參、蠔油、黑醋、冰糖、米酒、紅蘿蔔、竹筍、香菇，連同步驟 5. 的蹄筋及高湯一起以小火煮約 5 分鐘，再慢慢倒入太白粉水勾芡，最後加入辣椒、香菜、滴上香油，撒上白胡椒即可。

潘奶奶拿手食譜

烏魚子

典故

　　烏魚又稱鯔魚，目前台灣海域主要常見的有烏魚有五種，不同時段所捕捉的魚種會稍微不同，現今的烏魚是透過海域捕撈、進口及魚塭飼養等。 若為人工養殖，則需要 3 ～ 4 年時間，卵巢才會成熟，烏魚子則是將卵巢成熟並富含魚卵的母魚經過剖取、清洗、鹽漬、曬乾等一連串處理而成的水產加工食品。

　　烏魚子產季約為每年 11 月（冬至前後）。關於烏魚子的源由有許多說法，記載上，最早出現在二千多年前的地中海腓尼基，當地的漁民為了保存魚卵而採用鹽漬、曬乾等保存方法，並由阿拉伯人傳入亞洲。而台灣最早的紀錄，則是《台灣府志》提及捕撈烏魚的情況，後來由日本傳入製作烏魚子的方式，並逐漸演變成現今食用烏魚子的盛況。烏魚子是台灣人在農曆春節全家團聚、圍爐時，不可或缺的一道下酒菜色。將烏魚子淋上高粱等高濃度酒精，再點火以烤的方式烹飪，切成片後，再佐以一片蒜苗或蘋果、蘿蔔片一起入口，口感層次豐富。

營養價值

　　烏魚子內含豐富的蛋白質、脂質，其油脂雖然偏高，但因有大量的不飽和脂肪酸，如：EPA、DHA，是天然好油的來源之一，此外，烏魚子內含有並含有維生素 A、B 群、E 及葉酸，可說是營養價值極高的海鮮製品。

　　野生烏魚子的顏色通常比人工飼養的還深，有時甚至會呈現黑色，這類烏魚子被稱爲「血子」或「黑子」，一般認爲是高級品項，味道濃郁，價格也較高。取完魚卵後的烏魚被稱爲「烏魚殼」，會由市場的魚販販售，而烏魚腱（胃部）則會加工烤香後售出。

重點精華

⑴ 建議搭配烏魚子的水果不要太甜，以免搶走烏魚子的風味。
⑵ 烤烏魚子時，需注意時間和火候。
⑶ 爲方便消費者食用，坊間出現不少包裝好的一口烏魚子。

材料

- · 烏魚子 2 片（約 300 克）
- · 米酒或高粱酒 50 毫升
- · 餐巾紙 2 張
- · 青蒜 1 根
- · 白蘿蔔 1/2 根或蘋果 1 個
  （約 300 克）

作法

1. 撕掉烏魚子表面的薄膜，將烏魚子分成兩半。
2. 用餐巾紙將烏魚子包裹著，均勻倒入米酒，浸濕餐巾紙。
3. 平底鍋烤乾，小火，將步驟 2. 的烏魚子連著餐巾紙一起乾煎，不用加入油，每一面烤約 1 分鐘後翻面，直到餐巾紙烤到乾、酥為止，但不能燒焦。
4. 將烤酥的烏魚子切片、配上青蒜、蘿蔔片。

滷蹄膀

典故

　　紅燒蹄膀是一道過年過節常出現的佳餚，又稱「滷腿庫」，外型呈現團狀，又代表「一團和氣、圓圓滿滿」，台灣人也常說「呷咖庫（腿庫）、補財庫」。紅燒蹄膀通常也會加入福菜、竹筍絲，象徵福氣或節節高升的意涵。蹄膀是採豬腳的上半段，且需去掉骨頭，後蹄膀因為肉質油花較多，口感會比前蹄膀更軟嫩彈牙，所以台灣人多半都會使用後蹄膀做料理。

　　相傳是明朝商人沈萬三獻給朱元璋的美食。當時，朱元璋到沈萬三家作客，沈萬三的側室準備了紅燒蹄膀這道招待貴賓的必備菜餚，獲得朱元璋的讚賞，但為了避諱使用當時皇帝朱元璋的「朱」字，改用了沈萬三的「萬三」兩字，而稱為「萬三蹄」，也諧音為「往上提」。流傳至今，已經成為逢年過節必備的討喜大菜。

營養價值

蹄膀含有豐富的膠原蛋白，脂肪的含量也比豬肥肉低，適當食用可以保持肌膚彈性與光澤，減少皮膚老化的機率。每 100 克豬蹄膀中含蛋白質 15.8 克、脂肪 26.3 克、碳水化合物 1.7 克。此外，蹄膀還含有維生素 A、B、C 及鈣、磷、鐵等營養物質，而其中的蛋白質水解後，所產生的胱氨酸、精氨酸等 11 種氨基酸之含量均與熊掌不相上下。適量攝取蹄膀能減輕中樞神經過度興奮，對焦慮狀態及神經衰弱、失眠等有改善作用。

再加上有防癌之王美名的大蒜，更能直接降低致癌物生成、抑制細菌的活性、抗氧化的作用，並有助提升免疫細胞的活性，幫助維持人體免疫力，且也有利於保護心血管。大蒜更含有鈣、銅、鉀、磷、鐵和維他命 B1 等豐富營養成分，以及強大的抗氧化物「大蒜素」，能有效抗氧化、抗菌消炎。

重點精華

⑴ 紅燒蹄膀好吃不油膩的祕訣，就是「先炸後滷」。
⑵ 燉的時候把肥肉向下，可以避免瘦肉在湯汁裡面燉太久變柴。
⑶ 冰糖可以會讓紅燒蹄膀的成品顏色紅亮。

材料

- 大蒜 20 顆
- 蹄膀 1 個（約 1000 克）
- 沙拉油 100 毫升
- 米酒 300 毫升
- 醬油 200 毫升
- 辣椒 1 根
- 冰糖 1 大匙

作法

1. 大蒜先剝去外層皮膜，放入約 100 毫升的油，炸至金黃色後，撈出備用。

2. 蹄膀洗乾淨、擦乾。步驟 1. 的鍋子加熱，將蹄膀放入，有皮那一面朝下，翻動不同面，將皮炸至金黃色。

3. 將炸好的大蒜、蹄膀放入鍋或甕中，接著，放入米酒、醬油、辣椒、冰糖（不要放水）。

4. 以大火煮滾後，轉小火慢燉 1 小時，中間要翻動讓蹄膀每一面均勻受熱並沾到湯汁，才會美味。

5. 中火將湯汁收乾至剩一半，即可享用。

米酒焗鮮蝦

典故

　　台灣四面環海，海洋資源豐富，養殖漁業更是蓬勃發展。曾經被譽為養蝦王國的台灣，漁民們掌握著一套讓鮮蝦保持著軟嫩多汁、口感鮮美的烹調技巧。要做到這一點並不容易，因為過度烹調會使蝦肉變老，口感大打折扣，而清水煮也無法完全去除蝦肉的腥味。因此，米酒焗鮮蝦火候和時間掌握成為關鍵。

　　熟練的漁民們在不加一滴水的情況下，以米酒去腥，迅速用大火炒煮鮮蝦。這樣做不僅能夠保留蝦肉的原汁原味，消除腥味，而且營養價值豐富，口感更加鮮嫩飽滿。這種技巧的傳承和應用，使得台灣的鮮蝦料理成為了一道美味佳餚，吸引著無數的食客前來品嚐。

營養價值

　　鮮蝦比起豬肉不僅熱量更低，更含豐富的蛋白質、蝦紅素、維生素 B12、維生素 E 等，具有抗氧化功能，能有效抗發炎、防癌、預防心血管疾病、免疫調節、減少肥胖、保養皮膚等，維生素 B12 和維生素 E 更能有助於造血和保護紅血球。此外，蝦類也含有助於胰島素分泌的釩和提升精神的牛磺酸。烹調方式建議以水煮、清蒸、炒為佳，盡量避免油炸或勾芡，破壞營養價值。

　　此外，米酒燴煮過程中，米酒的成分能夠幫助蝦肉更加鮮嫩多汁，同時提升菜餚的風味。米酒是糯米經由根霉菌發酵而成，除了有許多有機酸外，也有維生素和礦物質，具營養和口感。總體來說，米酒爆燴鮮蝦不僅美味可口，而且營養豐富，是一道健康美食的好選擇。

重點精華

(1) 選擇鮮蝦盡量觀察外觀色澤，以及觸感是否有彈性和硬度。
(2) 注意火候和時間的掌握，才能避免蝦肉過老。
(3) 蝦肉中含有豐富的水分，所以在烹煮過程中無需再加水。

材料

- 鮮蝦 12 尾（約 300 克）
- 米酒 100 毫升
- 醬油 20 克
- 芥末醬 5 克

作法

1. 先將蝦洗淨，剪去鬍鬚以及額角，然後用牙籤在蝦背上約第二節的位置上方刺入約 0.3 公分，慢慢挑出腸泥，並洗淨。
2. 鍋中放入米酒100毫升，然後放入準備好的鮮蝦，以大火加熱，一邊翻炒，直到蝦子變爲紅色，即可關火盛盤。
3. 可以嘗試搭配沾醬，建議混合醬油與芥末醬的比例約爲 4：1，以達到最佳的風味平衡。

糖醋魚

典故

　　糖醋魚是一道在台灣相當普遍的佳餚。相傳宋帝出巡至河南，午後飢餓難耐，只好到附近的小餐館祭祀五臟廟，也因穿著便服巡行，意外可以品嚐當地美食。但由於用餐時間已過，廚師們都在小睡休息，一位二廚見狀體恤外來客人，巧妙運用灶頭上的剩餘魚，迅速炸成酥脆，淋上糖醋汁端上桌。皇帝與臣子們讚嘆不已，皇帝更當場賜詩「魚肉鮮美，醬汁獨步」，並以白扇贈予烹飪的廚師。此後，廚師得知宋帝身分，便將「糖醋汁魚」和那把扇子視為傳家之寶。他的妻子更將此料理發揚光大，成為當地的特色美食。

　　流傳至今，糖醋魚是一道非常適合家庭聚餐的料理，也是一道相當經典的年菜，就像新年賀詞中的「年年有餘，發大財」。

營養價值

糖醋魚不僅風味獨特，還具有豐富的營養價值。魚肉是優質蛋白的良好來源，對身體的生長和修復組織具有重要作用，且含有豐富的 Omega-3 脂肪酸，有助於心血管健康，降低血脂和維持神經系統正常運作。若想要增加一些蔬菜，也可以加入彩椒或洋蔥，均衡營養。但由於糖醋魚的製作方式是先油炸，再淋上醬汁，所以熱量偏高，還是要適量食用。

重點精華

(1) 糖醋魚片最講究酸香味，白醋是不可或缺的調料。

(2) 擔心處理炸油麻煩，也可以使用「半煎炸」的方式代替油炸。

(3) 此料理方式不需勾芡，也不需裹粉，烹調方式更健康。

材料

· 魚 1 尾（約 600 克）

· 番茄醬 60 克

· 白醋 60 毫升

· 二砂糖 20 克

· 蔥末、薑泥、大蒜末、香菜末各 1 大匙

· 香菜 4 ～ 5 根（裝飾用）

作法

1. 先將魚洗淨，並內外擦乾
   （包括肚子以及鰓幫子）。
   接著，在魚的兩側分別劃
   上兩刀。

2. 同時，在熱油的鍋中（油
   溫熱到竹筷子放入會冒小
   泡泡），將魚煎至熟透。
   若擔心魚皮破裂，可使用
   平底鍋，先將一面煎 2 分

   鐘（中途請不要翻面），接著再煎另一面 2 分鐘（同樣中途不可
   翻面）；也可以傾斜平底鍋，確保魚頭和魚尾都充分煎熟。接著，
   再翻轉魚身，各煎 1 分半鐘至 2 分鐘（如果魚身較厚，建議煎 2
   分鐘），最後將煎好的魚盛在碟中。

3. 製作調糖醋醬汁時，建議使用番茄醬：白醋：糖：水的比例為
   3:3:1:2。接著，加入蔥末、薑末、大蒜末和香菜末，充分調勻
   後均勻倒在煎好的魚上。最後，再擺上 4 ～ 5 根整根的香菜進
   行裝飾。

跟著阿嬤學古早味料理

傳承日治時期到 E 世代手路菜的醍醐味，凝聚家人情感與美好回憶！

作　　者／潘奶奶、潘懷宗、游馨榕

社　　長／陳純純

總 編 輯／鄭　潔

資深主編／葉菁燕

特約編輯／王伶妃

封面設計／陳姿妤

內文排版／張芷瑄

攝　　影／周禎和

整合行銷經理／陳彥吟

出版發行／出色文化

電　　話／02-8914-6405

傳　　真／02-2910-7127

劃撥帳號／50197591

劃撥戶名／好優文化出版有限公司

E-Mail ／ good@elitebook.tw

出色文化臉書／ http://www.facebook.com/goodpublish

地　　址／台灣新北市新店區寶興路 45 巷 6 弄 5 號 6 樓

法律顧問／六合法律事務所 李佩昌律師

印　　製／龍岡數位文化股份有限公司

書　　號／Good Llife 88

I S B N ／978-626-7298-57-2

初版一刷／2024 年 05 月

定　　價／新台幣 560 元

國家圖書館出版品預行編目(CIP)資料

跟著阿嬤學古早味料理：傳承日治時期到E世代
手路菜的醍醐味，凝聚家人情感與美好回憶！ /
潘奶奶、潘懷宗、游馨榕作. -- 初版. -- 新北市：
出色文化, 2024.05
　　面；　　公分. -- (Good life ; 88)
ISBN 978-626-7298-57-2(平裝)

1.CST: 飲食 2.CST: 食譜 3.CST: 文集

427.07　　　　　　　　　　　　　113002814